轨迹

《数学中的小问题大定理》丛书（第四辑）

毛鸿翔　左铨如　编著

◎ 轨迹的基本知识
◎ 点的轨迹的探求
◎ 找特殊点的方法
◎ 动图形的轨迹和曲线族的包络
◎ 用综合法探求直线的轨迹

哈尔滨工业大学出版社
HARBIN INSTITUTE OF TECHNOLOGY PRESS

内容简介

本书主要讨论了点的轨迹的意义和探求轨迹的方法,包括综合法和解析法.在此基础上,还简要地介绍了动图形的轨迹和曲线族的包络的初步知识.

本书可供中学数学教师参考,也可供中学生课外阅读.

图书在版编目(CIP)数据

轨迹/毛鸿翔,左铨如编著. —— 哈尔滨:哈尔滨工业大学出版社,2015.1
ISBN 978-7-5603-5060-8

Ⅰ.①轨… Ⅱ.①毛… ②左… Ⅲ.①中学数学课—教学参考资料 Ⅳ.G634.603

中国版本图书馆 CIP 数据核字(2014)第 286166 号

策划编辑	刘培杰　张永芹
责任编辑	张永芹　张　佳
封面设计	孙茵艾
出版发行	哈尔滨工业大学出版社
社　　址	哈尔滨市南岗区复华四道街10号　邮编150006
传　　真	0451-86414749
网　　址	http://hitpress.hit.edu.cn
印　　刷	哈尔滨市石桥印务有限公司
开　　本	787mm×960mm　1/16　印张11.75　字数122千字
版　　次	2015年1月第1版　2015年1月第1次印刷
书　　号	ISBN 978-7-5603-5060-8
定　　价	28.00元

(如因印装质量问题影响阅读,我社负责调换)

目录

第1章 轨迹的基本知识 //1
  1.1 点的轨迹的意义 //1
  1.2 轨迹命题的证明 //4
  1.3 基本轨迹定理 //10

第2章 点的轨迹的探求 //15
  2.1 用综合法探求点的轨迹 //15
    2.1.1 简单的轨迹问题 //15
    2.1.2 找特殊点的方法 //36
    2.1.3 应用初等变换的方法 //61
    2.1.4 应用描迹法 //71
    2.1.5 应用间接的方法 //80
    2.1.6 应用轨迹于作图 //100
  2.2 用解析法探求点的轨迹 //106

第3章 动图形的轨迹和曲线族的包络 //130
  3.1 直线的轨迹的意义 //130
  3.2 用综合法探求直线的轨迹 //136
  3.3 用解析法探求直线的轨迹 //148
  3.4 曲线族的包络 //160

第1章 轨迹的基本知识

1.1 点的轨迹的意义

一切事物都在不断地运动变化. 而事物的运动有着一定的形式. 为了认识并改造客观世界, 就必须研究和掌握客观事物运动的形式. 在自然科学中, 质点运动的形式常常是我们研究的对象. 例如, 要使炮弹命中目标, 就需要研究炮弹射出后的运行轨道. 又如, 发射人造卫星, 它的运行轨道的观测和研究至关重要(图1.1). 而质点的运动有着种种形式, 这种种形式是由一定的条件, 如质点运动的速度, 地球对质点的引力等决定的. 在数学里, 我们把这类问题抽象为点的轨迹问题来研究.

通俗地说, 轨是指一定的规律, 迹是物体运动时留下的痕迹. 因而点的轨迹可以说成是动点按照一定的规律移动时所留下来的痕迹. 也可以解释为, 动点按照一定的条件作尽可能的移动所经过的路线.

轨　　迹

假如,把两脚规张开,一个脚的端点固定在平面板上,另一个脚的端点在平面板上作尽可能的移动,就画出一个圆. 这个圆,就是两脚规在移动一个脚的端点所留下的痕迹.

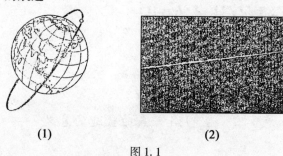

(1)　　　　　　　　(2)

图 1.1

但是,痕迹、路线都不是数学概念,而只是一种形象的描述,这对我们理解轨迹的概念有一定的帮助;但还不能使我们对轨迹作出准确的解释. 那么,一个动点按照一定的条件,作尽可能的移动所留下来的痕迹,它的实质究竟是什么呢?

现在仍以圆为例子来进行探讨,当把两脚规张开,使它的两个脚的端点之间的距离等于定长 l,并且使一个脚的端点固定在平面板上的一个定点 O 上,而当另一个脚的端点绕着定点 O 旋转一周时,我们就画出了一个圆. 因为这另一个脚的端点在平面板上移动时,它和定点 O 的距离始终保持定长 l,并且作了尽可能的移动,所以这个端点所画出的圆,它上面的任意点和点 O 的距离都等于定长 l;而且这平面板上到定点 O 的距离等于定长 l 的所有的点都在这个圆上. 所以,这个圆是平面上到定点 O 距离等于定长 l 的所有的点组成的集合(点的集合,简称点集).

2

由此可知,动点按照一定条件,作尽可能的移动,所留下的痕迹,实质上是适合于一定条件的点集.

在几何学中,把具有某种性质的点的集合,叫做具有某种性质的点的轨迹.

具有某种性质的点,有时也叫做适合于某条件的点.因此,关于点的轨迹也可以这样来定义:

适合于某条件的点集又叫做适合于某条件的点的轨迹.

像上面所说的圆,就是平面上,到定点的距离等于定长的点的轨迹.

通常给出一个集合,就是列举出这个集合的所有元素,或者指出它的元素的特征性质.也就是说,凡是具有这些性质的对象,就是这个集合的元素;凡是不具有这些性质的对象,就不是这个集合的元素.而适合于某条件的点的轨迹就是适合于某条件的点集.所以,对一个适合于一定条件的点的轨迹(图形)来说,适合于一定条件的所有的点都在这个轨迹上;不适合于一定条件的所有的点都不在这个轨迹上.

研究点的轨迹,就是已经知道轨迹上的点的特征性质(即所谓轨迹条件),而要找出具有这些性质的所有的点组成什么样的图形.这类问题,称为轨迹问题.也有时题目中指明或者已经找出点的轨迹是某图形,而需要对这个轨迹给予逻辑证明.下面,我们先来研究关于轨迹的证明问题.

轨　　迹

1.2　轨迹命题的证明

上面已经讲过,按照一定的条件,一般地可以得到一个适合于这个条件的轨迹.但是,对于这个轨迹(图形),虽然知道它的形成规律,却不知道它的形状.也就是说,对这个图形,只知其性,却不知其形.在几何学中,研究的重要课题之一,就是研究适合于某条件的点的轨迹是什么图形.这类问题就是上面所说的轨迹问题.

解轨迹问题时,通常我们总是先找出适合某条件的图形,然后证明这个图形上所有的点适合某条件.

那么,怎样来证明"已知其形而不知其性"的图形,就是那个"只知其性而不知其形"的图形呢?我们知道,要证明前一个图形就是后一个图形,实际上就是要证明两个点集相等.假如以 L 表示适合于某条件的点集(图形),以 F 表示已知它的形状的图形(点集).要证明前者就是后者,就是要证明

$$L = F$$

根据关于集合相等的原理,就是要证明下列两点:

(1)适合于某条件的任意点 A(即 $\forall A \in L$) $\Rightarrow$ 点 $A \in $ 图形 F;

(2)任意点 $A' \in $ 图形 F(即 $\forall A' \in F$) $\Rightarrow$ 点 A' 适合于某条件(即 $A' \in L$).

这里,(1)的成立,表明所有适合于某条件的点都在图形 F 上.也就是说,适合于某条件的点一个也没有漏掉.这叫做轨迹的完备性.而(2)的成立,表明图

4

第1章 轨迹的基本知识

形 F 上所有的点都适合某条件. 这叫做轨迹的纯粹性. 这两点是证明一个轨迹命题不可或缺的两个方面. 如果缺少了第一点,就可能会漏掉某些适合于条件的点,因而得到"残缺的轨迹";如果缺少了第二点,就难免要混入一些不适合于条件的点,以致得到"有瑕的轨迹".

上面所说的(1),(2)都是命题,因此,可以用和它们等价的逆否命题来代替,就是:

$$(L-F) = \begin{cases} (1)'\text{任意点 } B \in \text{图形 } F \Rightarrow \text{点 } B \text{ 不适合于某条件} \\ (2)'\text{任意点 } B'\text{不适合于某条件} \Rightarrow \text{点 } B' \in \text{图形 } F \end{cases}$$

由此可知,对一个轨迹命题的证明,可以有下面四种方式:

第一种是证明(1)和(2)成立;第二种是证明(1)和(2)′成立;第三种是证明(1)′和(2)成立;第四种是证明(1)′和(2)′成立.

至于采用哪一种方式来证明较为方便,就要根据具体问题而定. 一般来说,第四种方式对于初学者来说往往不易掌握. 所以,如果采用第一种方式来证明,不觉得十分困难,就应当先选用这种方式. 下面我们举例说明,怎样来证明轨迹命题.

【例1】 求证:对定线段 AB 所张的角等于定角 α 的点 P 的轨迹,是以线段 AB 为弦,所含的圆周角等于 α 的两个弧:$\overset{\frown}{AmB}$ 和 $\overset{\frown}{Am'B}$(A,B 两点除外,如图 1.2).

证明 (1)纯粹性:

在 $\overset{\frown}{AmB}$(或 $\overset{\frown}{Am'B}$)上取任意点 P'(不能取在特殊点 A,B 处),连 $P'A,P'B$. 因为 $\overset{\frown}{AmB}$(或 $\overset{\frown}{Am'B}$)所含的圆周角等于 α,所以

轨　　迹

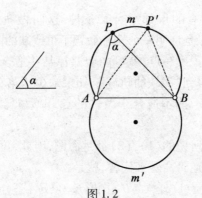

图 1.2

$$\angle AP'B = \alpha$$

这就是说,点 P' 对定线段 AB 所张的角等于定角 α.

(2) 完备性:

这里,点 P 对 AB 所张的角等于定角 α.

设点 P 和 P' 在 AB 的同旁.

因为 $\angle AP'B = \alpha$,所以 $\angle APB = \angle AP'B$.

所以 A,P,P',B 四点共圆.

这就是说,点 P 在 $\overset{\frown}{AmB}$ 上.

如果点 P 和 P' 在 AB 的两旁,那么,点 P 在 $\overset{\frown}{Am'B}$ 上.

结论:由(1),(2)可以得到,对定线段 AB 所张的角等于定角 α 的点的轨迹,是以 AB 为弦,所含的圆周角等于 α 的两个弧:$\overset{\frown}{AmB}$ 和 $\overset{\frown}{Am'B}$.

【例2】 直角三角形的斜边固定,求证:这直角三角形的重心的轨迹,是以斜边的中点为圆心,半径的长等于斜边长的六分之一的圆(圆和斜边的交点除外).

已知:AB 是定线段,$\triangle ABC$ 是以线段 AB 为斜边

6

的直角三角形,点 P 是直角三角形 $\triangle ABC$ 的重心.(如图1.3)

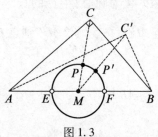

图 1.3

求证:点 P 的轨迹是以斜边 AB 的中点 M 为圆心,半径的长等于 $\frac{1}{6}AB$ 的圆(圆 M 和 AB 的交点 E,F 除外).

证明 (1)完备性:

这里,点 P 是以 AB 为斜边的直角三角形 $\triangle ABC$ 的重心. 连 OP.

设 M 是 AB 的中点. 那么 CP 一定经过点 M,并且

$$PM = \frac{1}{3}CM$$

而 CM 是直角三角形 $\triangle ABC$ 的斜边 AB 上的中线. 所以

$$CM = \frac{1}{2}AB$$

从而

$$PM = \frac{1}{6}AB$$

所以,点 P 在以 M 为圆心,半径的长等于 $\frac{1}{6}AB$ 的圆上.

(2)纯粹性:

设点 P' 是以 M 为圆心,半径的长等于 $\frac{1}{6}AB$ 的圆上的任意点. 连 MP',并且延长 MP' 到点 C',使得
$$P'C' = 2MP'$$
连 AC',BC'.

因为点 M 是 AB 的中点,所以 MC' 是 $\triangle ABC'$ 的中线. 而
$$C'M = 3P'M$$
所以,P' 是 $\triangle ABC'$ 的重心.

又因为
$$P'M = \frac{1}{6}AB$$
所以
$$C'M = \frac{1}{2}AB$$

由此可知,$\triangle ABC'$ 是直角三角形.

这就是说,点 P' 是以 AB 为斜边的直角三角形 $\triangle ABC'$ 的重心.

结论:由(1),(2)可以得到,点 P 的轨迹是以点 M 为圆心,半径等于 $\frac{1}{6}AB$ 的圆(圆 M 和 AB 的交点 E,F 除外).

【例3】 平行四边形 $ABCD$ 的底边 AB 固定,AB 的邻边 BC 等于定长线段 l,这平行四边形的对角线的交点 P 的轨迹,是以 AB 的中点 M 为圆心,以 $\frac{1}{2}l$ 为半径的圆(圆 M 和 AB 的交点 E,F 除外,如图1.4).

第1章 轨迹的基本知识

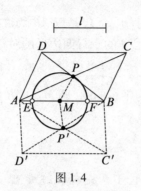

图 1.4

证明 (1)完备性:

这里,点 P 是以 AB 为底边,AB 的邻边 BC 等于定长线段 l 的平行四边形 $ABCD$ 的对角线的交点,M 是 AB 的中点.连 PM.那么

$$PM = \frac{1}{2}BC = \frac{1}{2}l$$

所以,点 P 在以 M 为圆心,以 $\frac{1}{2}l$ 为半径的圆上.

(2)纯粹性:

设点 P' 是以 M 为圆心,以 $\frac{1}{2}l$ 为半径的圆上的任意点,连 $P'A$,$P'B$,并且延长 AP' 到点 C',使 $P'C' = AP'$,延长 BP' 到点 D',使 $P'D' = BP'$.连 BC',$C'D'$,$D'A$.
因为

$$AP' = P'C', BP' = P'D'$$

所以四边形 $ABC'D'$ 是平行四边形.

又因为 P' 是 AC' 的中点,M 是 AB 的中点,所以

$$P'M = \frac{1}{2}BC'$$

而 $P'M = \frac{1}{2}l$,所以 $BC' = l$.

9

综上所述可知,点 P' 是以 AB 为底边,AB 的邻边 BC 等于定长线段 l 的平行四边形的对角线的交点.

结论:由(1),(2)可以得到,点 P 的轨迹是以 M 为圆心,以 $\frac{1}{2}l$ 为半径的圆(圆 M 和 AB 的交点 E,F 除外).

1.3 基本轨迹定理

由 1.2 节所讲的可以知道,一个轨迹定理实际上就是把一个原定理和它的逆定理(或否定理)合并起来组成的定理. 在几何学中,有些揭示图形上的点的性质的定理和它的逆定理(或否定理),往往可以合并而组成一个轨迹定理. 例如,把定理"在线段的垂直平分线上的任意点,和这线段的两端的距离相等"与它的逆定理"和一条线段的两端距离相等的点,在这条线段的垂直平分线上"合并起来就得出轨迹定理"和一条线段的两端距离相等的点的轨迹,是这条线段的垂直平分线".

下面我们列举一些平面几何学中的基本轨迹定理. 这些定理在今后解其他轨迹题中,经常要用到.

(1)和已知点的距离等于定长线段的点的轨迹,是以已知点为圆心,以定长线段为半径的圆.

(2)到两个已知点距离相等的点的轨迹,是联结这两点的线段的垂直平分线.

(3)和两条相交直线距离相等的点的轨迹,是平分这两条已知直线所成角的两条互相垂直的直线.

(4)和两条平行线距离相等的点的轨迹,是和这两条直线平行并且距离相等的一条直线.

已知:AB, CD 是两条平行的直线,$EF \parallel AB \parallel CD$,$EF$ 和 AB 之间的距离与 EF 和 CD 之间的距离相等.(如图 1.5)

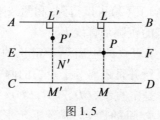

图 1.5

求证:和两条平行线 AB, CD 的距离相等的点的轨迹是直线 EF.

证明 (1)纯粹性:

设点 P 是 EF 上的任意点. 经过点 P 作直线垂直于 AB. 设这直线交 AB, CD 分别于点 L, M.

因为 $AB \parallel CD$,而 $PL \perp AB$,所以 $PM \perp CD$.

因为 EF 和 AB 之间的距离与 EF 和 CD 之间的距离相等,所以

$$PL = PM$$

这就是说,EF 上的任意点和两平行线 AB, CD 的距离相等.

(2)完备性:

设点 P' 是不在 EF 上的任意点. 经过点 P' 作直线垂直于 AB. 设这直线交 AB, CD, EF 分别于点 L', M', N'.

因为 $AB \parallel CD \parallel EF$,而 $P'L' \perp AB$,所以

$$P'M' \perp CD, P'N' \perp EF$$

轨　　迹

因为点 P' 不在 EF 上,所以点 P' 和点 N' 不相重合.

而 $N'L'=N'M'$,所以 $P'L'\neq P'M'$.

这就是说,不在 EF 上的任意点和两平行线 AB, CD 的距离不相等.

结论:由(1),(2)可以得到,和两条平行线 AB,CD 距离相等的点的轨迹是直线 EF.

(5)和一条直线的距离等于定长的点的轨迹,是和这条直线平行并且距离等于定长的两条直线.

已知:AB 是定直线,$CD/\!/AB$,$EF/\!/AB$,CD 和 AB 与 EF 和 AB 之间的距离都等于定长线段 d.(如图1.6)

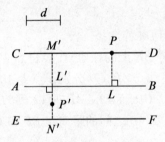

图 1.6

求证:和直线 AB 的距离等于定长线段 d 的点的轨迹,是两条平行直线 CD 和 EF.

证明 (1)纯粹性:

设点 P 是 CD(或 EF)上的任意点. 经过点 P 作 $PL\perp AB$,设垂足是 L.

因为 CD(或 EF)平行于 AB,并且 CD(或 EF)和 AB 之间的距离等于定长线段 d,所以

$$PL=d$$

第 1 章 轨迹的基本知识

这就是说,CD(或 EF)上的任意点和 AB 之间的距离等于定长线段 d.

(2)完备性:

设点 P' 是不在 CD(或 EF)上的任意点.经过点 P' 作直线垂直于 AB.设这直线交 AB,CD,EF 分别于点 L',M',N'.

因为 $CD/\!/AB$,$EF/\!/AB$,而 $P'L' \perp AB$,所以
$$P'M' \perp CD, P'N' \perp EF$$
所以
$$M'L' = L'N' = d$$

因为点 P' 不在 CD(或 EF)上,所以点 P' 和点 M'(或点 N')不相重合.

而在线段 $M'N'$ 上和点 L' 的距离等于定长线段 d 的点只有 M' 和 N' 两点.所以
$$P'L' \neq d$$

这就是说,不在直线 CD(或 EF)上的任意点和直线 AB 的距离不等于定长线段 d.

结论:由(1),(2)可以得到,和直线 AB 距离等于 d 的点的轨迹,是和直线 AB 平行并且距离等于定长线段 d 的两条直线 CD 和 EF.

(6)对一条线段所张的角等于定角的点的轨迹,是以这条线段为弦,所含的圆周角等于这定角的两个弧.

(7)对一条线段所张的角等于直角的点的轨迹,是以这条线段为直径的一个圆.

很明显,定理(7)是定理(6)的特殊情形.在这个情形下,两个弧都是以定线段为直径的半圆,这两个半圆构成一个圆.

轨　　迹

练习 1

1. 在三角形 ABC 中，BC 边固定，$\angle A$ 等于定角 α. 求证：$\triangle ABC$ 的内心的轨迹，是以 BC 为弦，所含的圆周角等于 $90° + \dfrac{\alpha}{2}$ 的两个弧.

2. 三角形的底边固定，高等于定长. 求证：这三角形的重心的轨迹，是平行于底边并且和底边的距离等于高的三分之一的两条直线.

3. 设点 D 是已知直角三角形 $\triangle ABC$ 的斜边 BC 上的任意点. 经过点 D 作 BC 的垂线和 CA, AB 两边的所在直线分别交于点 E, F. 在 EF 上取一点 M，使 $MD^2 = DE \cdot DF$. 求证：点 M 的轨迹是以 BC 为直径的圆.

4. 求证：以定长线段为半径，并且外切于定圆的圆，它的圆的轨迹，是以定圆的圆心为圆心，以定圆的半径与定长线段的和为半径的圆.

5. 梯形 $ABCD$ 内接于定圆 O，它的一腰 AB 固定. 求证：这个梯形的对角线的交点 P 的轨迹，是以 AB 为弦，所含的圆周角的度数等于 $\overset{\frown}{AB}$ 的度数的一个弧.

点的轨迹的探求

上面研究了关于轨迹命题的证明.也就是研究了怎样来判定某图形是不是适合于所设条件的轨迹.但是,在解轨迹问题时,首先必须设法找出适合于所设条件的点可能组成什么样的图形,然后再证明这个图形是适合于所设条件的点的轨迹.这个寻找轨迹的过程叫做轨迹的探求.那么,怎样来探求点的轨迹呢?下面我们就来研究这个问题.

2.1 用综合法探求点的轨迹

在平面几何学中,探求点的轨迹,一般都用综合法.下面我们分类举例来说明探求点的轨迹的具体方法.

2.1.1 简单的轨迹问题

【例1】 求与两条定直线相切的圆,它的圆心的轨迹.

已知:两条定直线 AB 和 CD,圆 O 与

轨　　迹

直线 AB, CD 都相切.

求：圆心 O 的轨迹.

探求　因为平面上两条直线的位置关系,除重合以外,还有相交和平行两种情形,所以本题需要就两条定直线相交和平行两种情形进行探讨.

1) 设 AB 和 CD 是两条相交直线,点 E 是它们的交点,圆 O 切直线 AB 和 CD 分别于点 F 和 G(图 2.1). 连 OF, OG. 那么

$$OF \perp AB, OG \perp CD$$

并且

$$OF = OG$$

这就是说,点 O 到两条相交直线 AB 和 CD 的距离相等. 所以,点 O 在 AB 和 CD 所成的 $\angle BED$ 的平分线 MN 上,或者在 $\angle BED$ 的补角 $\angle CEB$ 的平分线 $M'N'$ 上.

由此可知,所求圆心 O 的轨迹,可能是已知两条相交直线 AB 和 CD 所组成的互为补角的两个角的平分线 MN 和 $M'N'$.

2) 设 AB 和 CD 是两条平行直线,圆 O 切直线 AB 和 CD 分别于点 F 和 G(图 2.2). 连 OG, OF. 那么

$$OF \perp AB, OG \perp CD$$

并且

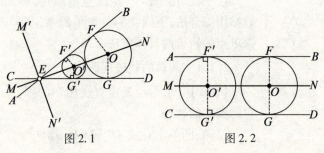

图 2.1　　　　图 2.2

第 2 章 点的轨迹的探求

$$OF = OG$$

这就是说,点 O 到两条平行线 AB 和 CD 的距离相等. 所以,点 O 在直线 AB 和 CD 的公垂线的垂直平分线 MN 上.

由此可知,所求的圆心 O 的轨迹,可能是两条平行线 AB 和 CD 的公垂线的垂直平分线 MN.

证明 1)设 AB 和 CD 是两条相交直线.

①完备性:请参看探求部分,这里从略.

②纯粹性:

如图2.1,设点 O' 是 MN(或 $M'N'$)上的任意点.

经过点 O' 作 $O'F' \perp AB$,设 F' 是垂足. 再以 O' 为圆心,以 $O'F'$ 为半径作圆 O'. 那么,圆 O' 一定和直线 AB 相切.

经过点 O' 作 $O'G' \perp CD$,设 G' 是垂足. 因为点 O' 在 AB 与 CD 相交所成的角的平分线上,所以

$$O'G' = O'F'$$

这就是说,点 O' 到直线 CD 的距离等于圆 O' 的半径. 所以,圆 O' 与直线 CD 相切.

由此可知,在直线 MN(或 $M'N'$)上的点适合条件.

2)设 AB 与 CD 是两条平行直线.

①完备性:请参看探求部分,这里从略.

②纯粹性:

如图2.2,设点 O' 是两平行线 AB,CD 的公垂线的垂直平分线 MN 上的任意点.

经过点 O' 作 $O'F' \perp AB$,设点 F' 是垂足. 再以点 O' 为圆心,$O'F'$ 为半径作圆 O'. 那么,圆 O' 一定与直线 AB 相切.

轨　　迹

经过点 O' 作 $O'G'\perp CD$,设 G' 是垂足,那么
$$O'G' = O'F'$$

这就是说,点 O' 到直线 CD 的距离等于圆 O' 的半径. 所以,圆 O 与直线 CD 相切.

由此可知,在直线 MN 上的点适合条件.

结论:由 1),2) 可以得到,如果已知两直线 AB 和 CD 是相交直线,那么所求的圆心 O 的轨迹,是直线 AB 与 CD 相交所成的互为补角的两个角的平分线;如果已知两直线 AB 与 CD 是平行直线,那么所求的圆心 O 的轨迹,是两平行线 AB 与 CD 的公垂线的垂直平分线.

注　在上面这个例题的第一种情形下,如果把点 E 看做是以 E 为圆心,以零线段为半径的圆(称为点圆),那么点 E 属于轨迹上的点;否则要把它除外.

【例 2】　经过已知圆外一个已知点,向已知圆引割线,求割线在圆内部的中点的轨迹.

已知:圆 O,点 P 是圆 O 外的一个已知点,经过点 P 引圆 O 的割线 PAB,点 M 是割线 PAB 在圆内部分 AB 的中点. (如图 2.3)

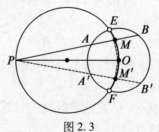

图 2.3

求:点 M 的轨迹.

探求　这里,题设 M 是适合条件的点. 因为圆 O 是定圆,所以 O 是定点. 又 P 是定点. 这样,我们可以

第 2 章　点的轨迹的探求

从考察动点 M 和定点 O,P 之间的关系着手.

因为 AB 是圆 O 的弦,M 是 AB 的中点,连 OM,所以
$$OM \perp AB$$
从而
$$\angle OMP = 90°$$

这就是说,点 M 对定线段 PO 所张的角等于直角. 也就是点 M 在以 OP 为直径的圆上,并且点 M 在圆 O 内.

由此可知,所求的轨迹可能是以 OP 为直径的圆在圆 O 内的部分 $\overset{\frown}{EF}$(点 E,F 是圆 O 和以 PO 为直径的圆的交点).

证明　(1)完备性:请参看探求部分,这里从略.

(2)纯粹性:

设点 M' 是 $\overset{\frown}{EF}$ 上的任意点. 经过点 P,M' 作直线. 因为点 M' 在圆 O 内,所以 PM' 一定和圆 O 相交,设交点是 A' 和 B'. 连 OM'.

因为 $\angle OM'P = 90°$,所以 $OM' \perp PM'$.

所以,M' 是 $A'B'$ 的中点.

这就是说,点 M' 是从点 P 所引圆 O 的割线在圆内的部分的中点. 所以,点 M' 适合条件.

由此可知,在 $\overset{\frown}{EF}$ 上的点适合条件.

结论:由(1),(2)可以得到,所求点 M 的轨迹,是以 PO 为直径的圆在已知圆 O 内的 $\overset{\frown}{EF}$.

应该注意,上面这个例题中,证明轨迹的纯粹性时,假定点 M 是 $\overset{\frown}{EF}$ 上除点 E,F 以外的任意点. 这是因为,如果点 M 就是点 E(或点 F),那么直线 PE(或

轨　　迹

PF)和圆心 O 的距离等于圆 O 的半径. 这时, PE(或 PF)是圆 O 的切线而不是它的割线了. 因而 E,F 两点不适合条件, 应当把它们除掉. 但是, 另一方面, 切线可看成是割线的极限位置. 当点 M 沿着 $\overset{\frown}{EF}$ 向点 E 接近时, 割线在圆 O 内的部分不断地缩小, 当点 M 和点 E 重合时, 割线在圆 O 内的部分也退缩成为一点 E. 这时, 点 E 本身虽不适合条件, 但和它充分靠近的点都适合条件. 所以, 也可以把点 $E(F)$ 看做是轨迹上的点, 这样的点叫做轨迹的极限点, 又它们处于轨迹的界限位置, 所以也叫做临界点.

【例3】　梯形内接于定圆, 它的一条底边是定圆的定直径, 求这个梯形对角线的交点的轨迹.

已知: 圆 O 是定圆, AB 是圆 O 的定直径, $ABCD$ 是圆 O 的内接梯形, 点 M 是梯形 $ABCD$ 的对角线的交点. (如图 2.4)

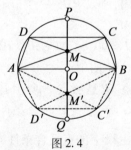

图 2.4

求: 点 M 的轨迹.

探求　这里, 题设 M 是适合条件的点.

因为 $CD \parallel AB$, 所以 $\overset{\frown}{BC} = \overset{\frown}{AD}$.

于是 $\angle CAB = \angle DBA$, 从而 $MA = MB$.

已知 AB 是定直径, 所以 A, B 是两个定点. 而点 M

第2章 点的轨迹的探求

到这两个定点的距离相等.所以点 M 在 AB 的垂直平分线上.又点 M 在圆 O 内.由此可知,所求点 M 的轨迹,可能是圆 O 内垂直于定直径 AB 的直径 PQ.

证明 (1)完备性:请参看探求部分,这里从略.

(2)纯粹性:

设点 M' 是直径 PQ 上的任意点.连 AM', BM'.延长 AM', BM' 分别交圆 O 于点 C', D'.连 $BC', C'D', D'A$.

因为
$$M'A = M'B$$
所以
$$\angle M'AB = \angle M'BA$$

从而 $\overset{\frown}{BC'} = \overset{\frown}{AD'}$,于是 $C'D' // AB$.

所以,四边形 $ABC'D'$ 是圆 O 的内接梯形.

而点 M' 是梯形 $ABC'D'$ 的对角线的交点.所以点 M' 适合条件.

由此可知,在直径 PQ 上除 P, O, Q 三点以外的点适合条件.

结论:由(1),(2)可以得到,所求的点 M 的轨迹是垂直于定直径 AB 的直径 PQ(P, O, Q 三点除外).

顺便指出:这里点 O 是轨迹的极限点,点 P, Q 是轨迹的临界点.

【例4】 一条定长线段的两个端点在定直角的两边上移动,求这线段的中点的轨迹.

已知:$\angle COD$ 是定直角,线段 AB 等于定长线段 a,a 的两个端点 A, B 分别在 OC, OD 上移动,M 是线段 AB 的中点.(如图2.5)

轨　　迹

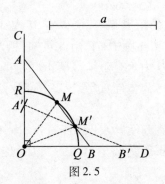

图 2.5

求：点 M 的轨迹.

探求　这里，题设 M 是适合条件的点，连 OM. 那么

$$OM = \frac{1}{2}AB = \frac{1}{2}a$$

所以，点 M 到定点 O 的距离是定长. 又点 M 在 $\angle COD$ 内. 由此可知，点 M 的轨迹可能是以 O 为圆心，以 $\frac{1}{2}a$ 为半径的在 $\angle COD$ 内的 $\overset{\frown}{RQ}$（包括 R,Q 两点在内）.

证明　(1) 完备性：请参看探求部分，这里从略.

(2) 纯粹性：

设点 M' 是 $\overset{\frown}{RQ}$ 上的任意点，以点 M' 为圆心，以 $\frac{1}{2}a$ 为半径作弧交 OC 于点 A'. 连 $M'A'$，并且延长 $A'M'$ 交 OD 于点 B'. 连 OM'.

因为 $OM' = \frac{1}{2}a$，所以 $OM' = M'A'$.

从而 $\angle OA'M' = \angle M'OA'$.

又 $\angle A'OB' = 90°$，则 $\angle M'B'O = \angle B'OM'$.

第 2 章 点的轨迹的探求

所以 $M'B' = OM' = \frac{1}{2}a$.

故 $A'B' = a$,并且点 M' 是 $A'B'$ 的中点.

所以,点 M' 适合条件.

结论:由(1),(2)可以得到,所求的点 M 的轨迹,是以点 O 为圆心,以 $\frac{1}{2}a$ 为半径的圆在 $\angle COD$ 内的弧 RQ.

【例 5】 求到两定点的距离的平方和等于定值的点的轨迹.

已知:A,B 是两个定点,k 是定长线段,$MA^2 + MB^2 = k^2$.(如图 2.6)

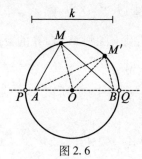

图 2.6

求:点 M 的轨迹.

探求 这里,题设 M 是适合条件的点.O 是 AB 的中点.连 MO.那么 MO 是 $\triangle AMB$ 的中线.

根据三角形的中线公式,得

$$MO^2 = \frac{1}{2}MA^2 + \frac{1}{2}MB^2 - \frac{1}{4}AB^2$$

就是

$$MO^2 = \frac{1}{4}(2MA^2 + 2MB^2 - AB^2)$$

因为

轨　　迹

$$MA^2 + MB^2 = k^2$$

所以

$$MO = \frac{1}{2}\sqrt{2k^2 - AB^2}$$

因为 A,B 是两个定点,所以线段 AB 的长是定长. 这样,线段 MO 的长就等于定长. 又 O 是定点. 由此可知,点 M 的轨迹可能是以点 O 为圆心,半径的长等于 $\frac{1}{2}\sqrt{2k^2 - AB^2}$ 的圆.

证明 （1）完备性:请参看探求部分,这里从略.

（2）纯粹性:

设点 M' 是以点 O 为圆心,半径的长等于 $\frac{1}{2}\sqrt{2k^2 - AB^2}$ 的圆上除圆 O 和 AB 的交点 P,Q 以外的任意点. 连 $M'A, M'B$.

因为 O 是 AB 的中点,所以 $M'O$ 是 $\triangle AM'B$ 的中线. 则

$$M'O^2 = \frac{1}{4}(2M'A^2 + 2M'B^2 - AB^2)$$

又

$$M'O^2 = \frac{1}{4}(2k^2 - AB^2)$$

所以

$$2M'A^2 + 2M'B^2 - AB^2 = 2k^2 - AB^2$$

从而

$$2M'A^2 + 2M'B^2 = 2k^2$$

就是

$$M'A^2 + M'B^2 = k^2$$

所以,点 M' 适合条件.

结论:由(1),(2)可以得到,所求的点 M 的轨迹

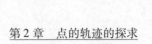

第2章 点的轨迹的探求

是以 O 为圆心,半径的长等于 $\frac{1}{2}\sqrt{2k^2-AB^2}$ 的圆.

上面这个例题中所求得的轨迹,叫做两定点 A,B 的定和幂圆.

从上面这些例子可以看到,在探求轨迹时,可以先取适合条件的任意一个点(动点),再把它和已知的定点、定直线或者定线段联系起来,找出它们之间的关系. 如果所找出的关系适合某基本轨迹定理中的所设条件,那么根据这个定理就可以得出所求的轨迹来. 它的具体步骤是:

(i)设适合条件的任意点(动点).

(ii)把这个动点和题设条件中的定点、定直线或者定线段联系起来,考察它们之间的关系,例如:

如果题设条件中有定点、定长的线段,那么,可以看看这个动点和定点之间的距离是否等于定长的线段;

如果题设条件中有两个定点(或定长线段),那么,可以看看这个动点对联结这两点的线段所张的角是否为定角,或者这个动点到这两点的距离是否相等;

如果题设条件中有一条定直线和定长的线段,那么,可以看看这个动点和这条直线的距离是否等于定长的线段;

如果题设条件中有两条定直线,那么,可以看看这个动点到这两条直线的距离是否相等,等. 要是考察所得的结果适合某个基本轨迹定理的所设条件,就可以初步探求出这个动点的轨迹是什么图形.

(iii)证明探求所得的结果是所求的点的轨迹.

但是,有些轨迹问题中的动点和定点、定直线或者定线段之间的关系,不像上面所说的那样,然而,如果

轨　　迹

添置适当的辅助线,就可以使某些关系适合于基本轨迹定理的所设条件,从而就可以探求出轨迹来.

【例6】　梯形 $ABCD$ 的底边 AB 固定,BC 和 CD 分别等于定长线段 m 和 n,求点 D 的轨迹.(如图2.7)

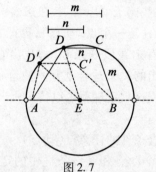

图 2.7

探求　这里,题设 D 是适合条件的点. 经过点 D 作 $DE/\!/CB$,设 DE 交 AB 于点 E. 那么 $DEBC$ 是平行四边形. 所以
$$DE = m, EB = n$$

因为 AB 是定长线段,EB 等于定长线段 n,所以 E 是一个定点. 而点 D 到点 E 的距离等于定长线段 m. 由此可知,点 D 的轨迹可能是以点 E 为圆心,以 m 为半径的圆.

证明　(1)完备性:请参看探求部分,这里从略.

(2)纯粹性:

设点 D' 是在以点 E 为圆心,以 m 为半径的圆上的任意点. 连 AD',ED'.

经过点 D' 作 $D'C'/\!/EB$,并且使 $D'C' = EB$.

连 BC'. 那么 $BC'D'E$ 是平行四边形. 所以
$$BC' = ED' = m$$

因此,四边形 $ABC'D'$ 是一个梯形,并且

第 2 章 点的轨迹的探求

$$BC' = m, C'D' = n$$

所以,点 D' 适合条件.

由此可知,圆 E 上除圆 E 和 AB 的交点以外的点适合条件.

结论:由(1),(2)可以得到,所求的点 D 的轨迹是以点 E 为圆心,以 m 为半径的圆.

【例 7】 已知:$\triangle ABC$ 的底边 BC 固定,AC 边上的中线等于定长线段 l.(如图 2.8)

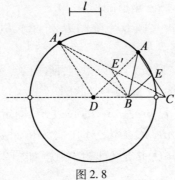

图 2.8

求:$\triangle ABC$ 的顶点 A 的轨迹.

探求 这里,题设 A 是适合条件的点.很明显,动点 A 和定点 B,C 之间的关系不适合于任何一个基本轨迹所设的条件.

如果 E 是 AC 的中点,那么

$$BE = l$$

延长 CB 到点 D,使 $BD = CB$,很明显,D 是定点,连 AD.所以

$$AD = 2BE = 2l$$

这就是说,动点 A 到定点 D 的距离等于定长线段 $2l$.由此可知,点 A 的轨迹可能是以 D 为圆心,以 $2l$ 为

轨　　迹

半径的圆.

证明　（1）完备性：请参看探求部分，这里从略.

（2）纯粹性：

设 A' 是圆 $D(2l)$ 上的任意点. 连 $A'B, A'C$. 取 $A'C$ 的中点 E'. 连 BE'. 那么

$$BE' = \frac{1}{2}A'D = l$$

所以点 A' 是以 BC 为底边，$A'C$ 边上的中线 BE' 等于定长线段 l 的三角形的顶点.

由此可知，在圆 D 上除圆 D 和直线 BC 的交点以外的点适合条件.

结论：由（1），（2）可以得到，所求的点 A 的轨迹是以点 D 为圆心，以 $2l$ 为半径的圆.

【例8】　已知：$\triangle ABC$ 的底边 BC 固定，顶角 A 等于定角 α. 以 AB, AC 为边分别向 $\triangle ABC$ 外边作正三角形 $\triangle ABP, \triangle ACQ, M$ 是 PQ 的中点.（如图 2.9）

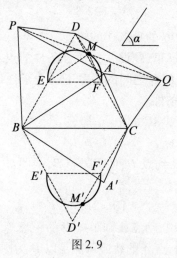

图 2.9

求:点 M 的轨迹.

探求 这里,题设 M 是适合条件的点. 但是,点 M 对定线段 BC 所张的角却不等于定角 α. 如果以 BC 为边,在 △ABC 的同旁作等边三角形 △BCD,并且连 PD,DQ,那么在 △BPD 和 △BAC 中,有

$$BP = AB, BD = BC, \angle PBD = \angle ABC$$

所以

$$\triangle BPD \cong \triangle BAC$$

则

$$AC = PD$$

因为

$$AC = AQ$$

所以

$$PD = AQ$$

在 △QDC 和 △ABC 中,有

$$BC = CD, AC = QC, \angle ACB = \angle DCQ$$

所以

$$\triangle QDC \cong \triangle ABC$$

则

$$AB = QD$$

因为

$$PA = AD$$

所以

$$PA = QD$$

所以,PAQD 是一个平行四边形,点 M 是它的对角线的交点. 因而点 M 也是 AD 的中点.

而正三角形 △BCD 是一个定三角形,设点 E,F 分别是 BD,CD 的中点,那么 E,F 是定点. 所以 EF 是定

轨　迹

线段.

连 EM, FM. 那么
$$EM /\!/ AB, MF /\!/ AC$$
所以
$$\angle EMF = \angle BAC = \alpha$$

这就是说,点 M 对定线段 EF 所张的角等于定角 α.

由此可知,点 M 在以 EF 为弦,所含的圆周角等于定角 α 的弧上.

如果点 A 在 BC 的上方,因为
$$EF /\!/ BC, FM /\!/ CA$$
并且这两组平行线的方向相同,所以点 M 在 EF 的上方. 如果点 A 在 BC 的下方,那么正三角形 $\triangle BCD'$ 的顶点 D' 也在 BC 的下方. 设 BD', CD' 的中点分别是 E', F', 那么
$$E'F' /\!/ BC$$
所以点 M' 在 $E'F'$ 的下方.

综上所述可知,所求的点 M 的轨迹可能是两个弧:一个是以正三角形 $\triangle BCD$ 的中位线 EF 为弦,所含的圆周角等于 α 的 $\overset{\frown}{EF}$;另一个是以正三角形 $\triangle BCD'$ 的中位线 $E'F'$ 为弦,所含的圆周角等于 α 的 $\overset{\frown}{E'F'}$.

证明　(1)完备性:请参看探求部分,这里从略.

(2)纯粹性:

如图 2.10,设 M_1 是 $\overset{\frown}{EF}$(或 $\overset{\frown}{E'F'}$)上的任意点. 连 M_1E, M_1F, M_1D,并且延长 DM_1 到点 A_1,使 $M_1A_1 = DM_1$.

第2章 点的轨迹的探求

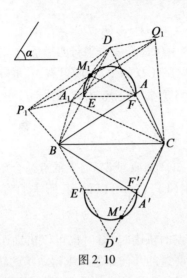

图 2.10

连 A_1B, A_1C.

因为 E, F, M_1 分别是 BD, CD, A_1D 的中点,所以
$$EM_1 /\!/ BA_1, M_1F /\!/ A_1C$$
于是
$$\angle BA_1C = \angle EM_1F$$
又因为
$$\angle EM_1F = \alpha$$
所以
$$\angle BA_1C = \alpha$$

再以 A_1C, A_1B 为边分别在 $\triangle A_1BC$ 的外边作正三角形 $\triangle A_1BP_1, \triangle A_1CQ_1$. 连 P_1D, DQ_1.

容易知道
$$\triangle P_1BD \cong \triangle A_1BC, \triangle Q_1DC \cong \triangle A_1CB$$
所以
$$P_1D = A_1C, DQ_1 = A_1B$$
从而

轨　　迹

$$P_1D = A_1Q_1, DQ_1 = P_1A_1$$

所以,$P_1A_1Q_1D$ 是一个平行四边形.

因为 M_1 是 A_1D 的中点,所以点 M_1 是平行四边形 $P_1A_1Q_1D$ 的对角线的交点.由此可得,M_1 也是 P_1Q_1 的中点.

所以点 M_1 适合条件.

由此可知,在 $\overset{\frown}{EF}$(或 $\overset{\frown}{E'F'}$)上的点适合条件.

结论:由(1),(2)可以得到,所求的点 M 的轨迹是 $\overset{\frown}{EF}$ 和 $\overset{\frown}{E'F'}$.

在探求点的轨迹时,有时也可以借助于一般几何定理或者证明过的几何命题来求得所求的轨迹.这时,就要求我们必须牢固地掌握几何定理、熟悉几何命题,并善于从题设条件出发,把轨迹问题和一般的几何定理或者几何命题联系起来,从而得出所求的轨迹.

【例9】　求到两相交直线的距离的和等于定长线段的点的轨迹.

已知:a,b 是两条相交直线,O 是它们的交点,线段 l 是定长线段.(如图 2.11)

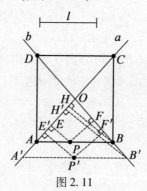

图 2.11

第 2 章 点的轨迹的探求

探求 根据证明过的几何命题:"等腰三角形底边上的任意点到两腰的距离的和,等于定值",可以知道,如果以 O 为等腰三角形的顶点,以 a,b 两相交直线为它的两腰的所在直线,并且使它的腰上的高等于线段 l,作等腰三角形 $\triangle OAB$,那么 $\triangle OAB$ 的底边 AB 上任意点到 a,b 两相交直线的距离的和等于线段 l. 容易知道,这样的等腰三角形可以作出四个. 这四个等腰三角形组成一个矩形.

由此可知,所求的到直线 a,b 的距离的和等于 l 的点的轨迹,可能是矩形 $ABCD$.

证明 (1)纯粹性:请参看探求部分,这里从略.

(2)完备性:

设 P' 是不在矩形 $ABCD$ 上的任意点. 不妨设点 P' 在 $\angle AOB$ 内.

经过点 P' 作平行于 AB 的直线交 OA,OB 分别于点 A',B'. 这样,点 P' 到两相交直线 a,b 的距离的和等于等腰三角形 $\triangle OA'B'$ 的腰上的高 $B'H'$. 因为点 P' 不在 AB 上,所以

$$B'H' \neq BH$$

这就是说,不在矩形 $ABCD$ 上的任意点 P',到两相交直线 a,b 的距离的和不等于线段 l.

由此可知,不在矩形 $ABCD$ 上的任意点不适合条件. 也就是说,适合条件的点一定在矩形 $ABCD$ 上.

结论:由(1),(2)可以得到,到两相交直线 a,b 的距离的和等于定长线段 l 的点的轨迹,是矩形 $ABCD$. 矩形 $ABCD$ 的两条对角线 AC,BD 分别在两相交直线 a,b 上,并且任意一个顶点到不是它所在的那条对角线的距离等于定长线段 l.

轨　　迹

【例10】 一个动点向定三角形的三边引垂线,设三个垂足在一条直线上,求这个动点的轨迹.

已知:△ABC 是定三角形,P 是动点,点 E,F,G 分别是从点 P 向 △ABC 的三边 AB,BC,AC 引垂线所得的垂足,并且点 E,F,G 三点共线.(如图2.12)

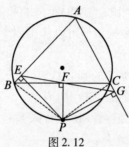

图 2.12

求:点 P 的轨迹.

探求 根据定理"如果从三角形的外接圆上的任意点,向这三角形的三边引垂线,那么三个垂足共线",可以知道,△ABC 的外接圆上的点适合于所给条件.因而所求的轨迹可能是 △ABC 的外接圆.

证明 (1)纯粹性:请参看探求部分,这里从略.

(2)完备性:

这里,题设 P 是适合条件的点,因为

$$PE \perp AB, PF \perp BC, PG \perp AC$$

并且 E,F,G 三点共线,所以 P,B,E,F 四点共圆,P,F,C,G 四点也共圆.

因为

$$\angle PFG = \angle PBA, \angle PFG = \angle PCG$$

所以

$$\angle PBA = \angle PCG$$

所以 P,B,A,C 四点共圆.

这就是说,点 P 在 $\triangle ABC$ 的外接圆上.

由此可知,适合条件的点在 $\triangle ABC$ 的外接圆上.

结论:由(1),(2)可以得到,所求的点 P 的轨迹是 $\triangle ABC$ 的外接圆.

注 定理 从三角形的外接圆上一点,引三边的垂线,所得的三个垂足共线.

已知:如图 2.13,P 是 $\triangle ABC$ 的外接圆上的任意点. 设 $PE \perp AB$,E 是垂足,$PF \perp BC$,F 是垂足,$PG \perp AC$,G 是垂足.

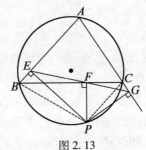

图 2.13

求证:E,F,G 三点共线.

证明 因为 $PE \perp AB, PF \perp BC, PG \perp AC$,所以 P,B,E,F 四点共圆,P,F,C,G 四点也共圆. 所以

$$\angle EPF = \angle ABC, \angle FPG = \angle ACB$$

因为 P,E,A,G 四点共圆,所以

$$\angle GPE = 180° - \angle BAC = \angle ACB + \angle ABC$$

所以

$$\angle FPG + \angle EPF = \angle GPE$$

这表明射线 PF 落在 $\angle EPG$ 内.

所以,点 E,G 在 PF 的两旁.

连 EF,GF.

轨　　迹

因为
$$\angle PFG = PCG = 180° - \angle PCA$$
$$\angle PFE = 180° - \angle PBA$$
而
$$\angle PCA + \angle PBA = 180°$$
所以
$$\angle PFG + \angle PFE = 360° - 180° = 180°$$

所以,E,F,G 三点共线.

这条直线叫做三角形外接圆上的点对于三角形的西摩松线,是西摩松(Simson,1687—1768)发现的直线.

从上面的例题中可以看出,在探求轨迹时,也可以从轨迹的纯粹性着手,也就是先考虑什么图形上的点具有轨迹问题中所设的条件. 这时,如果从学过的定理或者证明过的命题中找到一个图形,它上面的点适合于轨迹问题中所设的条件,那么这个图形或者它的部分可能就是所求的轨迹. 然后再对这个图形给予证明,从而就得出所求的轨迹来.

2.1.2　找特殊点的方法

有些轨迹问题却不属于上面所说的一些简单情形,对这类比较复杂的问题,我们经常采用找特殊点的方法探求所求的点的轨迹.

【例11】　三角形的一个角的位置固定,夹这个角的两条边长的和等于定长线段,求第三边的中点的轨迹.

已知:$\triangle ABC$ 中,$\angle A$ 的位置固定,$AB + AC = l$,l 是定长的线段,M 是 BC 的中点.(如图 2.14)

第 2 章 点的轨迹的探求

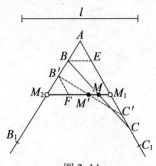

图 2.14

求：点 M 的轨迹.

探求 这里,题设 $\triangle ABC$ 的顶角 $\angle A$ 是固定的,两个顶点 B, C 分别在 $\angle A$ 的夹边上移动,可以看到,当点 B 在射线 AB 上向点 A 移动时,点 C 就在射线 AC 上沿着 AC 的方向移动,并且

$$AB + AC = l$$

如果点 B 移动到点 A 的位置上,点 C 就移动到点 C_1 的位置上,这时,$AC_1 = l$. 而 $\triangle ABC$ 就退缩成为线段 AC_1, BC 的中点就是 AC_1 的中点 M_1. 容易知道,点 M_1 是轨迹的一个临界点.

同理,如果点 C 移动到点 A 的位置上,点 B 就移动到点 B_1 的位置上,这时,$AB_1 = l$. 而 $\triangle ABC$ 就退缩成为线段 AB_1, BC 的中点就是 AB_1 的中点 M_2. 点 M_2 是轨迹的另一个临界点.

由此可知,所求的轨迹可能是经过点 M_1, M_2 的一条线段或者一个圆弧.

根据题设条件,点 M 是适合条件的任意点. 不妨设 B 为点 A, M_2 之间的点,如图 2.14. 因为

$$AB + AC = l$$

所以

轨　　迹

$$AB + AM_1 + M_1C = l$$

又因为

$$AB + BM_2 + AM_1 = l$$

所以

$$BM_2 = M_1C$$

经过点 B 作 $BE /\!/ M_2M_1$，设 BE 交 AC 于点 E.

因为

$$AM_2 = AM_1$$

所以

$$BM_2 = EM_1$$

从而

$$EM_1 = M_1C$$

所以，M_1M_2 经过 BC 的中点 M. 也就是说，BC 的中点 M 在 M_1M_2 上.

由此可知，所求的点 M 的轨迹可能是线段 M_1M_2.

证明　(1)完备性：请参看探求部分，这里从略.

(2)纯粹性：

设点 M' 是线段 M_1M_2 上的任意点. 不妨设 $M_2M' > M'M_1$.

在 M_2M' 上取点 F，使 $M'F = M'M_1$. 经过点 F 作 $FB' /\!/ C_1A$，设 FB' 交 AB_1 于点 B'. 连 $B'M'$，并且延长 $B'M'$ 交 AC_1 于点 C'.

因为

$$\angle B'M'F = \angle C'M'M_1, \angle FB'M' = \angle M_1C'M'$$

所以

$$\triangle B'M'F \cong \triangle C'M'M_1$$

从而

$$B'F = C'M_1, B'M' = C'M'$$

所以，M' 是 $B'C'$ 的中点.
因为
$$B'F \parallel AC'$$
所以
$$\angle B'FM_2 = \angle AM_1M_2$$
因为
$$\angle AM_2M_1 = \angle AM_1M_2$$
所以
$$\angle B'FM_2 = \angle B'M_2F$$
从而
$$B'M_2 = B'F$$
于是
$$B'M_2 = C'M_1$$
又因为
$$AB' + B'M_2 + AM_1 = l$$
所以
$$AB' + C'M_1 + AM_1 = l$$
就是
$$AB' + AC' = l$$
所以，点 M' 适合条件.
由此可知，在线段 M_2M_1 上的点适合条件.
结论：由(1),(2)可以得到，所求的点 M 的轨迹是线段 M_1M_2.

【例12】 变直角三角形的直角顶点是定直角内的一个定点，它的斜边的两个端点分别在定直角的两边上移动，求这直角三角形的直角顶点在斜边上的射影的轨迹.

已知：$\angle ROS$ 是定直角. A 是 $\angle ROS$ 内的一个定

轨　　迹

点. 直角三角形 $\triangle ABC$ 的斜边的两个端点 B,C 分别在 OR,OS 上移动. 点 M 是顶点 A 在 BC 边上的射影.

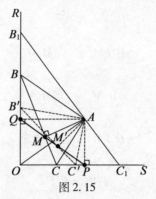

图 2.15

求：点 M 的轨迹.

探求　容易知道, 动点 M 是随着点 B(或 C)的移动而移动着. 如果点 B 移动到点 O 的位置上, 点 C 就移动到点 C_1 的位置上. 这时, 点 A 在 BC(就是 OC_1)上的射影就是点 A 在 OS 上的射影点 P. 如果点 C 移动到点 O 的位置上, 点 B 就移动到点 B_1 的位置上, 这时, 点 A 在 BC(就是 OB_1)上的射影就是点 A 在 OR 上的射影点 Q. 很明显, P,Q 是两个终止点.

根据题设条件可知, M 是适合条件的任意点, 连 PM,MQ. 因为
$$AQ \perp OR, AM \perp BC, AP \perp OS$$
所以 A,M,Q,B 四点共圆, A,M,C,P 四点也共圆.

所以
$$\angle BMQ = \angle BAQ, \angle PMC = \angle PAC$$
又因为
$$\angle ROS = 90°, \angle BAC = 90°$$
所以 O,B,A,C 四点共圆.

第2章 点的轨迹的探求

从而可知
$$\angle ABQ = \angle PCA$$
则有
$$\angle BAQ = \angle PAC$$
于是
$$\angle BMQ = \angle PMC$$
所以,P,M,Q 三点共线.

综上所述可知,所求的轨迹可能是线段 PQ.

证明 (1)完备性:请参看探求部分,这里从略.

(2)纯粹性:

设点 M' 是 PQ 上的任意点. 连 AM'. 经过点 M' 作 $B'C'$ 垂直于 AM'. 设 $B'C'$ 交 OR,OS 分别于点 B',G'.

因为
$$AM' \perp B'C', AP \perp OS, AQ \perp OR$$
所以 A,M',C',P 四点共圆,A,M',Q,B' 四点也共圆.

从而
$$\angle PM'C' = \angle PAC', \angle B'M'Q = \angle B'AQ$$
又因为
$$\angle B'M'Q = \angle PM'C'$$
所以
$$\angle B'AQ = \angle PAC'$$
于是,有
$$\angle AB'Q = \angle AC'P$$
故 A,B',O,C' 四点共圆.

因为 $\angle ROS$ 是直角,所以 $B'C'$ 是经过 A,B',O,C' 四点的圆的直径,所以,$\angle B'AC'$ 是直角,因而 $\triangle AB'C'$ 是直角三角形.

所以,点 M' 适合条件.

由此可知，PQ 上的点适合条件．

结论：由（1），（2）可以得到，所求的点 M 的轨迹是线段 PQ．

【例 13】 AB 是定半圆所在圆的直径，O 是圆心，C 是半圆上的一个动点，$CD \perp AB$，D 是垂足．在半径 OC 上截取 OM，使 $OM = CD$．设动点 C 沿着半圆从点 A 移动到点 B．求点 M 的轨迹．（如图 2.16）

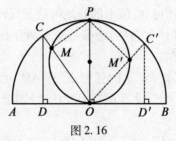

图 2.16

探求 这里，动点 M 随着点 C 的移动而移动着．当点 C 移动到点 A 的位置上时，有
$$CD = 0$$
所以
$$OM = 0$$
也就是说，这时，点 M 和圆心 O 重合．所以圆心 O 在所求的轨迹上．它是轨迹上的一个特殊点．

当点 C 从点 A 出发移动到 $\overset{\frown}{AB}$ 的中点 P 的位置上时，CD 就是 PO，这时，点 D 和点 O 重合，有
$$OM = CD = OP$$
所以点 M 和点 P 重合．因此，点 P 也是轨迹上的一个特殊点．

题设 M 是适合条件的任意点．连 MP．
因为

第 2 章 点的轨迹的探求

$$CD /\!/ PO$$

所以
$$\angle DCO = \angle MOP$$

又
$$OP = OC, OM = CD$$

所以
$$\triangle CDO \cong \triangle OMP$$

从而
$$\angle PMO = \angle CDO = 90°$$

这就是说,点 M 对 OP 所张的角等于直角.

由此可知,点 M 的轨迹可能是以 OP 为直径的圆.

证明 (1)完备性:请参看探求部分,这里从略.

(2)纯粹性:

设 M' 是以 OP 为直径的圆上的任意点. 连 OM',并且延长 OM' 交半圆于点 C'. 经过点 C' 作 $C'D' \perp AB$,设 D' 是垂足,连 $M'P$,那么

$$\angle OM'P = 90°$$

因为
$$\angle D'C'O = \angle C'OP, OC' = OP$$

所以
$$\triangle C'D'O \cong \triangle OM'P$$

从而
$$C'D' = OM'$$

所以,点 M' 适合条件.

由此可知,在以 OP 为直径的圆上的点适合条件.

结论:由(1),(2)可以得到,所求的点 M 的轨迹是以 OP 为直径的圆.

【例 14】 设 A 是定圆 O 上的一个定点,P 是圆 O 上的一个动点,M 是射线 AP 上的点,并且 $AP \cdot AM =$

轨　迹

k^2，k 是定长线段．求点 M 的轨迹．（如图 2.17）

探求　很明显，动点 M 是随着点 P 的移动而移动着．当点 P 移动到直径 AP_0 的一端点 P_0 的位置上时，点 M 就成为射线 AO 上的一个点 M_0，这时

$$AP_0 \cdot AM_0 = k^2.$$

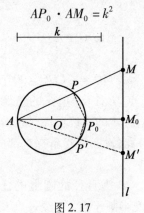

图 2.17

所以，点 M_0 是 AP_0 上的一个确定的点．

当点 P 移动到点 A 的位置上时，$AP = 0$．所以 AM 趋于无穷大．

容易看到，这个轨迹关于直线 AO 对称．所以，所求的轨迹可能是经过点 M_0 的一条直线．

现在再来考察这条直线的位置．

根据题设条件可知，M 是适合条件的任意点，并且有

$$AP \cdot AM = k^2$$

因为

$$AP_0 \cdot AM_0 = k^2$$

所以

$$AP \cdot AM = AP_0 \cdot AM_0$$

所以，P_0，P，M，M_0 四点共圆．从而

第 2 章　点的轨迹的探求

$$\angle APP_0 = \angle P_0M_0M$$

又因为

$$\angle APP_0 = 90°$$

所以

$$\angle P_0M_0M = 90°$$

于是

$$MM_0 \perp AM_0$$

由此可知,所求的点 M 的轨迹,可能是经过点 M_0 并且垂直于 AM_0 的直线 l.

证明 （1）完备性:请参看探求部分,这里从略.

（2）纯粹性:

设 M' 是直线 l 上的任意点, AM' 和圆 O 交于点 P'. 连 P_0P'.

因为

$$\angle AP'P_0 = 90°, \angle AM_0M' = 90°$$

所以

$$\angle AP'P_0 = \angle AM_0M'$$

所以, M', M_0, P_0, P' 四点共圆.

从而

$$AP' \cdot AM' = AP_0 \cdot AM_0$$

于是

$$AP' \cdot AM' = k^2$$

所以,点 M' 适合条件.

由此可知,在直线 l 上的点适合条件.

结论:由（1）,（2）可以得到,所求的点 M 的轨迹是经过点 M_0 并且垂直于 AM_0 的直线 l.

上面这个例题中的直线 l 叫做圆 O 关于反演中心 A 的反形.

轨　　迹

　　从上面这几个例子可以看到,有些比较复杂的轨迹问题,其中需要探求它的轨迹的那个动点,是随着其他动点的移动而移动.对这类问题,我们可以采用先找特殊点的方法来求出轨迹.探求时,可以先使动点移动到一些特殊的位置上,从而求出轨迹上相应的特殊点;然后再根据轨迹上的特殊点中有没有临界点,以及临界点的个数来判断出所求轨迹的图形.假如轨迹上没有临界点、无穷远点,那么这个轨迹就可能是一个圆.

【**例 15**】　求到两定点的距离的比等于定值(不等于 1)的点的轨迹.

　　已知:A,B 是两个定点,a,b 是两条不相等的定长线段,M 是一个动点,并且 $\dfrac{MA}{MB} = \dfrac{a}{b}(\neq 1)$.(如图 2.18)

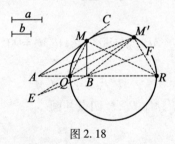

图 2.18

　　求:点 M 的轨迹.

　　探求　先找出线段 AB 的内分点 Q 和外分点 R,并且

$$\dfrac{AQ}{QB} = \dfrac{a}{b},\dfrac{AR}{RB} = \dfrac{a}{b}$$

　　Q,R 两点都适合条件,是轨迹上的两个特殊点.M 是适合条件的任意点,且

$$\dfrac{MA}{MB} = \dfrac{a}{b}$$

连 MQ, MR. 因为

$$\frac{AQ}{QB} = \frac{a}{b}, \frac{AR}{RB} = \frac{a}{b}$$

所以

$$\frac{AQ}{QB} = \frac{MA}{MB}, \frac{AR}{RB} = \frac{MA}{MB}$$

所以 MQ 是 $\angle AMB$ 的平分线,MR 是 $\triangle AMB$ 的外角 $\angle BMC$ 的平分线. 从而

$$\angle QMR = 90°$$

而 Q, R 是两个定点. 这就是说,点 M 对定线段 QR 所张的角等于直角.

由此可知,所求的点 M 的轨迹可能是以 QR 为直径的圆.

证明 (1)完备性:请参看探求部分,这里从略.

(2)纯粹性:

设点 M' 是以 QR 为直径的圆上的任意点. 连 $M'Q, M'R$. 那么

$$\angle QM'R = 90°$$

连 $M'A, M'B$. 经过点 B 作 $BF \parallel AM'$,设 BF 交 $M'R$ 于点 F;延长 FB,交 $M'Q$ 的延长线于点 E. 那么

$$\frac{BF}{AM'} = \frac{RB}{RA}, \frac{BE}{M'A} = \frac{BQ}{QA}$$

因为

$$\frac{AQ}{QB} = \frac{AR}{RB} = \frac{a}{b}$$

所以

$$\frac{BF}{AM'} = \frac{BE}{M'A}$$

从而

轨　　迹

$$BF = BE$$

这就是说，点 B 是 EF 的中点.

因为 $\angle QM'R$ 是直角，所以 $M'B$ 是直角三角形 $\triangle EM'F$ 斜边上的中线. 于是

$$M'B = BE = BF$$

又因为

$$\frac{M'A}{BE} = \frac{QA}{QB} = \frac{a}{b}$$

从而

$$\frac{M'A}{M'B} = \frac{a}{b}$$

所以，在以 QR 为直径的圆上的点适合条件.

结论：由(1),(2)可以得到，所求的点 M 的轨迹是以 QR 为直径的圆.

上面这个例题中的轨迹，叫做阿波罗尼斯(Apollonius)圆.

【例 16】　求到两相交直线距离的比等于定比的点的轨迹.

已知：两定直线 AB,CD 相交于点 O，m,n 是两条定长的线段，动点 M 到两直线 AB,CD 的距离的比等于 $m:n$.（如图 2.19）

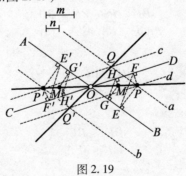

图 2.19

第 2 章 点的轨迹的探求

求:点 M 的轨迹.

探求 在直线 AB 的两旁分别作直线 a,b 平行于 AB,并且使 a,b 和 AB 的距离都等于 m;在直线 CD 的两旁分别作直线 c,d 平行于 CD,并且使 c,d 和 CD 的距离都等于 n. 设 a 和 d,a 和 c 分别交于点 P,Q,b 和 c,b 和 d 分别交于点 P',Q'. 那么,P,P',Q,Q' 都是适合条件的点. 这四个点是轨迹上的特殊点.

不妨设 P 和 P' 两点分别在 $\angle BOD$ 和 $\angle AOC$ 内,Q 和 Q' 两点分别在 $\angle AOD$ 和 $\angle BOC$ 内.

经过点 P 作 $PE \perp AB$,$PF \perp CD$,设 E,F 是垂足.

经过点 P' 作 $P'E' \perp AB$,$P'F' \perp CD$,设 E',F' 是垂足.

所以 $PE /\!/ P'E'$,并且 $PE = P'E'$;$PF /\!/ P'F'$,并且 $PF = P'F'$.

从而
$$\angle EPF = \angle E'P'F'$$

于是
$$\triangle EPF \cong \triangle E'P'F'$$

连 OP 和 OP'. 因为 P,F,O,E 四点共圆,所以
$$\angle PEF = \angle POF$$

因为 P',F',O,E' 四点共圆,所以
$$\angle P'E'F' = \angle P'OF'$$

又因为
$$\angle PEF = \angle P'E'F'$$

所以
$$\angle POF = \angle P'OF'$$

所以 P',O,P 三点在一条直线上.

同理可得,Q',O,Q 三点也在一条直线上.

这就是说,联结轨迹上的特殊点 P 和 P' 以及 Q 和

轨　　迹

Q' 的直线都经过点 O. 现在来看,所求的轨迹是否有可能是这两条直线呢?

M 是适合条件的任意点,不妨设点 M 在 $\angle BOD$ (或 $\angle AOC$) 内,经过点 M 作 $MG \perp AB$, $MH \perp CD$. 那么
$$MG:MH = m:n$$
所以
$$MG:MH = PE:PF$$
又　　　　　$PE /\!/ MG, PF /\!/ MH$
所以
$$\angle EPF = \angle GMH$$
从而
$$\triangle EPF \backsim \triangle GMH$$
所以
$$\angle HGM = \angle FEP$$
连 OM. 因为 O, G, M, H 四点共圆,所以
$$\angle HOM = \angle HGM$$
而　　　　　$\angle FOP = \angle FEP$
所以
$$\angle HOM = \angle FOP$$
由此可知,OM 和 OP 重合. 也就是说,点 M 在直线 PP' 上.

如果点 M 在 $\angle AOD$ (或 $\angle BOC$) 内,那么,同理可得点 M 在直线 QQ' 上.

综上所述可知,所求的轨迹可能是两条直线 PP' 和 QQ'.

证明　(1)完备性:请参看探求部分. 这里从略.

(2)纯粹性:

设点 M' 是直线 PP' 上的任意点(不妨设点 M' 在

第 2 章 点的轨迹的探求

$\angle AOC$ 内). 经过点 M' 作 $M'G' \perp AB, M'H' \perp CD$,设 G', H' 是垂足,连 $G'H'$. 容易知道

$$\frac{M'G'}{P'E'} = \frac{OM'}{OP'} = \frac{M'H'}{P'F'}$$

于是

$$\frac{M'G'}{M'H'} = \frac{P'E'}{P'F'} = \frac{m}{n}$$

所以,点 M' 适合条件.

由此可知,直线 PP' 上的点适合条件.

同理可得,直线 QQ' 上的点也适合条件.

结论:由(1),(2)可以得到,点 M 的轨迹是两条直线 PP' 和 QQ',它们的交点 O 是极限点.

上面这个例题中的轨迹,叫做两相交直线的定比双交线.

【例 17】 求到两定点的距离的平方差等于定值的点的轨迹.

已知:如图 2.20, A, B 是两个定点, k 是定长线段, P 是动点,并且

$$PA^2 - PB^2 = k^2$$

求:点 P 的轨迹.

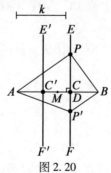

图 2.20

轨　　迹

探求　连 AB. 设 AB 的长等于 a, AB 的中点是 M. 设 C 是 AB 上适合条件的点,那么
$$CA^2 - CB^2 = k^2$$
根据题设条件可知, $PA > PB$, 所以, C, B 两点在点 M 的同旁. 从而
$$\begin{aligned}k^2 &= (CA+CB)(CA-CB) \\ &= AB(CA-CB) \\ &= AB[(CM+MA)-(MB-MC)] \\ &= AB \cdot 2CM = 2a \cdot CM\end{aligned}$$
故
$$CM = \frac{k^2}{2a}$$

这就是说, CM 是 $2a$, k, k 的第四比例项. 所以, CM 的长是定长. 因而点 C 的位置可以确定.

根据题设条件可知, P 是适合条件的任意点. 经过点 P 作 PD 垂直于 AB, 设 D 是垂足, 则有
$$PA^2 - AD^2 = PD^2,\quad PB^2 - BD^2 = PD^2$$
所以
$$PA^2 - AD^2 = PB^2 - BD^2$$
就是
$$PA^2 - PB^2 = AD^2 - BD^2$$
于是
$$AD^2 - BD^2 = k^2$$
由上式可得
$$DM = \frac{k^2}{2a}$$
所以
$$MD = MC$$
因为 B, D 两点在点 M 的同旁, 所以点 D 和点 C

52

第 2 章　点的轨迹的探求

重合. 因此,点 P 在经过点 C 并且垂直于 AB 的直线上.

由此可知,点 P 的轨迹可能是经过点 C,并且垂直于 AB 的直线 EF.

证明　（1）完备性:请参看探求部分,这里从略.

（2）纯粹性：

设 P' 是直线 EF 上的任意点. 连 $P'A,P'B$. 那么
$$P'A^2 - AC^2 = P'B^2 - BC^2$$
于是
$$P'A^2 - P'B^2 = AC^2 - BC^2$$
从而,得
$$P'A^2 - P'B^2 = k^2$$
所以,点 P' 适合条件.

由此可知,在直线 EF 上的点适合条件.

结论:由（1）,（2）可以得到,点 P 的轨迹是经过点 $C\left(CM = \dfrac{k^2}{2AB}, M \text{ 是 } AB \text{ 的中点}\right)$,并且垂直于 AB 的直线 EF.

必须注意,在上面这个例子中,如果题设 $PB > PA$,就是 $PB^2 - PA^2 = k^2$,那么线段 AB 上的适合条件的点 C' 就和点 A 在点 M 的同旁. 这时,所求的轨迹是经过点 C',并且垂直于 AB 的直线 $E'F'$. 直线 EF 和 $E'F'$ 关于线段 AB 的垂直平分线对称.

上面这个例题中的轨迹（直线 EF 和 $E'F'$）叫做两定点 A,B 的定差幂线.

上面讲过的定和幂圆、阿波罗尼斯圆、定比双交线和定差幂线等都是一些重要的轨迹. 有很多轨迹问题,往往可以归结为这些重要轨迹来解决. 下面举例来说

轨　　迹

明.

【例 18】　求对两定圆张等角的点的轨迹.

已知:圆 $O(r)$ 和圆 $O'(r')$ 是两个定圆,P 是动点,PA 和 PB,PA' 和 PB' 分别是经过点 P 的圆 O,圆 O' 的切线,$\angle APB = \angle A'PB'$.(图 2.21(1))

求:点 P 点轨迹.

探求　这里,题设 P 是适合条件的动点,PA 和 PB 是圆 O 的切线,PA' 和 PB' 是圆 O' 的切线.

连 $OA, PO, O'A', PO'$. 那么
$$\angle OAP = O'A'P = 90°$$
而 $\angle APB = \angle A'PB'$,所以 $\angle APO = \angle APO'$,从而
$$\triangle PAO \sim \triangle PA'O'$$
所以
$$PO:PO' = AP:A'O' = r:r'$$

因为圆 O 和圆 O' 是两个定圆,所以它们的半径的比是定比. 这就是说,点 P 到两定点 O,O' 的距离的比是定比 $r:r'$.

设 C,D 分别是按 $r:r'$ 内分、外分 OO' 的点. 又点 P 在两个定圆的外部. 所以,所求的轨迹可能是阿氏圆(以 CD 为直径)在两定圆外的部分.

证明　(1)完备性:请参看探求部分,这里从略.

(2)纯粹性:

设 P' 是阿氏圆(以 CD 为直径)在两定圆外的部分上的任意点(图 2.21(2)),连 $P'O,P'O'$. 经过点 P' 作圆 O,圆 O' 的切线 $P'A_1$ 和 $P'B_1$ 以及 $P'A_1'$ 和 $P'B_1'$. 连 $OA_1, O'A_1'$.

第 2 章　点的轨迹的探求

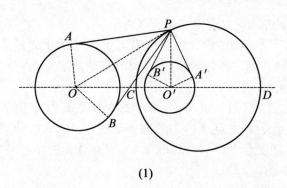

(1)

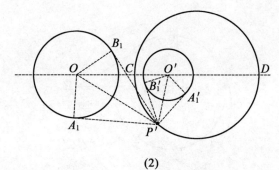

(2)

图 2.21

因为
$$P'O:P'O' = r:r' = OA_1:O'A_1'$$
$$\angle P'A_1O = \angle P'A_1'O' = 90°$$

所以
$$\triangle P'A_1O \sim \triangle P'A_1'O'$$

于是
$$\angle A_1P'O = \angle A_1'P'O$$

从而可知
$$\angle A_1P'B_1 = \angle A_1'P'B_1'$$

所以,点 P' 适合条件.

由此可知,上述阿氏圆(以 CD 为直径)在两定圆外的部分上的任意点适合条件.

结论:由(1),(2)可以得到,所求点 P 的轨迹是阿氏圆在两定圆外的部分,这圆的直径是按 $r:r'$ 内分、外分 OO' 所得两个分点 C,D 之间的线段.

【例 19】 已知:定圆 O 的半径是 r,圆 O 内的一个定点 A.由点 A 所引的两条动线段 AM,AN,分别交圆 O 于点 M,N,并且 $AM \perp AN$. 又弦 MN 的中点是 P.(如图 2.22)

求:点 P 的轨迹.

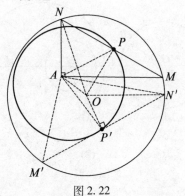

图 2.22

探求 根据题设条件可知,点 P 是适合条件的任意点,A,O 是两个定点.现在来考察动点 P 和两定点 A,O 之间的关系.

连 PO. 因为 P 是 MN 的中点,所以
$$OP \perp MN$$
连 ON. 在直角三角形 $\triangle ONP$ 中,有
$$PO^2 + PN^2 = ON^2$$
连 PA. 在直角三角形 NAM 中,有
$$PN = PA$$
所以

$$PO^2 + PA^2 = ON^2$$

而 ON 是圆 O 的半径，所以

$$PO^2 + PA^2 = r^2$$

这就是说，动点 P 到两定点 A,O 的距离的平方和等于定值.所以，点 P 的轨迹可能是两定点 A,O 的定和幂圆.

证明 （1）完备性：请参看探求部分，这里从略.

（2）纯粹性：

设 P' 是两定点 A,O 的定和幂圆上的任意点，连 $P'A, P'O$，那么

$$P'A^2 + P'O^2 = r^2$$

经过点 P' 作直线 $M'N'$ 垂直于 OP'，设 $M'N'$ 交圆 O 于点 M' 和 N'.

连 AM', AN', ON'.

在直角三角形 $ON'P'$ 中，有

$$P'O^2 + P'N'^2 = ON'^2$$

因为

$$ON' = r$$

所以

$$P'O^2 + P'N'^2 = r^2$$

于是

$$P'O^2 + P'N'^2 = P'A^2 + P'O^2$$

则有

$$P'N' = P'A$$

又因为

$$OP' \perp M'N'$$
$$M'P' = P'N'$$

这就是说，点 P' 是 $M'N'$ 的中点.

轨　　迹

所以
$$M'P' = P'N' = P'A$$
进而
$$\angle M'AN' = 90°$$
于是可知
$$M'A \perp AN'$$
所以,点 P' 适合条件.

由此可知,在两定点 A, O 的定和幂圆上的点适合条件.

结论:由(1),(2)可以得到,点 P 的轨迹是两定点 A, O 的定和幂圆.这里,$PA^2 + PO^2 = r^2$(r 是定圆的半径).

【例20】 已知两个不是同心的相离的定圆,求到这两个圆的幂相等的点的轨迹.

已知:假设圆 O 和圆 O' 是相离的两个定圆,r 和 r' 分别是圆 O 和圆 O' 的半径.不妨设 $r > r'$. M 是一个动点,并且 $MO^2 - r^2 = MO'^2 - r'^2$.(如图 2.23,图 2.24)

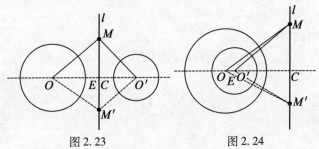

图 2.23　　　　　图 2.24

求:点 M 点的轨迹.

探求　这里,题设 M 是适合条件的点,则
$$MO^2 - r^2 = MO'^2 - r'^2$$
所以

第 2 章 点的轨迹的探求

$$MO^2 - MO'^2 = r^2 - r'^2$$

这就是说,点 M 到两定点 O, O' 的距离的平方差等于定值. 由此可知,所求的点 M 的轨迹可能是两定点 O, O' 的定差幂线 l. 直线 l 是经过 OO' 上的定点 C, 并且垂直于 OO' 的直线. 这里,点 C 和 OO' 的中点 E 的距离 CE 等于定长 $\dfrac{r^2 - r'^2}{2OO'}$.

证明 (1)完备性:请参看探求部分,这里从略.

(2)纯粹性:

设 M' 是直线 l 上的任意点. 连 $M'O, M'O'$,那么
$$M'O^2 - OC^2 = M'O'^2 - O'C^2$$

所以
$$\begin{aligned} M'O^2 - M'O'^2 &= OC^2 - O'C^2 \\ &= (OE + EC)^2 - (O'E - EC)^2 \end{aligned}$$

因为
$$OE = O'E$$

所以
$$M'O^2 - M'O'^2 = 4OE \cdot EC$$

因为
$$EC = \dfrac{r^2 - r'^2}{2OO'}$$

所以
$$M'O^2 - M'O'^2 = r^2 - r'^2$$

就是
$$M'O^2 - r^2 = M'O'^2 - r'^2$$

这就是说,点 M' 到圆 O 和圆 O' 的幂相等. 所以点 M' 适合条件.

由此可知,直线 l 上的点适合条件.

结论:由(1),(2)可以得到,所求点 M 的轨迹是

轨　　迹

两定点 O, O' 的定差幂线,就是经过连心线 OO' 上的定点 C,并且垂直于 OO' 的直线 l. 这里,点 C 和 OO' 的中点 E 的距离 CE 等于 $\dfrac{r^2 - r'^2}{2OO'}$.

上面这个例题中的轨迹(直线 l)叫做两圆的等幂轴或者根轴.

必须注意,如果两个定圆相交,那么所求的轨迹是这两个相交圆的等幂轴,就是经过两圆交点的直线. 如果两个定圆相切,那么所求的轨迹是这两个相切圆的等幂轴,就是经过两圆的切点的公切线.

【例 21】　直角三角形的形状、大小一定,它的斜边的两个端点分别在一个定直角的两边上移动,它的直角顶点和定直角的顶点位于斜边的两旁,求这个直角三角形的直角顶点的轨迹.

已知: 直角三角形 $\triangle ABC$ 的形状、大小一定,斜边 BC 的两个端点 B, C 分别在定直角 $\angle ROS$ 的两边 OR, OS 上移动,并且点 A 和点 O 在 BC 的两旁. (如图 2.25)

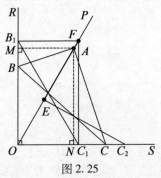

图 2.25

求: 直角三角形 $\triangle ABC$ 的直角顶点 A 的轨迹.

探求　因为 $\angle BAC$, $\angle BOC$ 都是直角,所以 A, B, O, C 四点共圆. 从而可知

第2章 点的轨迹的探求

$$\angle ABR = \angle ACO$$

经过点 A 作 AM, AN 分别垂直于 OR, OS. 那么

$$\triangle ABM \backsim \triangle ACN$$

所以

$$AM:AN = AB:AC$$

而 AB, AC 的长都是定长. 所以 $AM:AN$ 是一个定比.

这就是说,动点 A 到定直角 $\angle ROS$ 的两边的距离的比是一个定比.

由此可知,点 A 在两相交直线 OR 和 OS 的定比双交线位于 $\angle ROS$ 内的射线 OP 上.

因为 $\angle BAC, \angle BOC$ 都是直角,所以, BC 是经过 A, B, O, C 四点的圆的直径. 从而

$$BC \geqslant OA$$

这就是说,在一般情形下, BC 一定大于 OA,而只当点 A 移动到点 F 的位置上,点 B 随着移动到点 B_1 的位置上, AB (就是 FB_1) 垂直于 OR 时,点 C 就移动到点 C_1 的位置上,这时, BC (就是 B_1C_1) 等于 OA (就是 OF). 因此,点 F 是所求轨迹的一个终止点.

又因为在一般情形下,弦 OA 大于弦 AB,而只当点 A 移动到点 E 的位置上,点 B 随着移动到点 O 的位置上时,点 C 就移动到点 C_2 的位置上,这时, OA 等于 AB (都是 OE). 因此,点 E 是所求轨迹的另一个终止点.

综上所述,可以知道,所求的点 A 的轨迹可能是两相交直线 OR, OS 的定比双交线,位于 $\angle ROS$ 内的射线 OP 上的线段 EF. (证明留给读者)

2.1.3 应用初等变换的方法

【例22】 定长的动线段的一个端点在定圆上移动,并且它平行于一条定直线,求动线段的另一个端点

轨　　迹

的轨迹.

已知:圆 O 是定圆,MN 是定直线,l 是定长的线段.动线段 AB 和线段 l 等长,它的一个端点 A 在圆 O 上移动,并且它平行于定直线 MN.(如图 2.26)

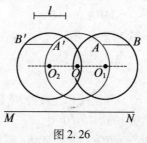

图 2.26

求:动线段 AB 的另一个端点 B 的轨迹.

探求　这里,动点 B 是随着点 A 的移动而移动着. 而一对对应点 A,B 的联结线段 AB 等于 l,并且 $AB/\!/MN$. 所以,点 B 和点 A 之间的关系是以 $\overrightarrow{MN}$ 或者 $\overrightarrow{NM}$ 为平移方向,以 l 为平移距离的平移对应点.

题设点 A 在圆 O 上移动,也就是点 A 的轨迹是定圆 O. 所以,点 B 的轨迹是以 $\overrightarrow{MN}$ 或者 $\overrightarrow{NM}$ 为平移方向,以 l 为平移距离圆 O 的两个对应圆 O_1 和 O_2.

证明　设 B' 是适合条件的点. 那么点 B' 是以 $\overrightarrow{MN}$(或 $\overrightarrow{NM}$)为平移方向,以 l 为平移距离的点 A' 的平移对应点. 所以,点 B' 在圆 O_1(或圆 O_2)上. 反之,设点 B' 是圆 O_1(或圆 O_2)上的任意点. 那么圆 O 上一定有一点 A' 和它对应,并且

$$A'B' /\!/ MN, A'B' = l$$

由此可得,所求的点 B 的轨迹,是圆 O 的平移对应圆 O_1 和 O_2.

第 2 章　点的轨迹的探求

【例 23】 △ABC 的底边 BC 固定,顶角 ∠A 等于定角 α,求 △ABC 的重心 G 的轨迹.(如图 2.27).

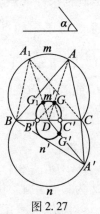

图 2.27

探求　这里,动点 G 是随着动点 A 的移动而移动着,现在来考察动点 G,A 之间的对应关系.

题设 △ABC 的底边 BC 固定,∠A 等于定角 α. 所以点 A 的轨迹是以 BC 为弦,所含的圆周角等于 α 的两个弓形弧:$\overset{\frown}{BmC}$ 和 $\overset{\frown}{BnC}$.

又 G 是 △ABC 的重心,连 AG,并且延长 AG 交 BC 于点 D. 那么 AD 是 △ABC 的 BC 边上的中线,D 是 BC 的中点,并且

$$DG:DA = 1:3$$

由此可知,G 是以 D 为位似中心,位似系数等于 $\frac{1}{3}$ 的点 A 的位似对应点.

而点 A 是在以 BC 为弦,所含的圆周角等于 α 的两个弓形弧:$\overset{\frown}{BmC}$ 和 $\overset{\frown}{BnC}$ 上移动. 所以,点 G 的轨迹可能是以 D 为位似中心,位似系数等于 $\frac{1}{3}$ 的 $\overset{\frown}{BmC}$ 和 $\overset{\frown}{BnC}$

的位似对应弧：$\overset{\frown}{B'm'C'}$和$\overset{\frown}{B'n'C'}$.

证明 设G'是适合条件的点. 那么，点G'是以D为位似中心，位似系数等于$\dfrac{1}{3}$的点A'的位似对应点. 所以，点G'在$\overset{\frown}{B'm'C'}$或者$\overset{\frown}{B'n'C'}$上.

设G_1是$\overset{\frown}{B'm'C'}$或者$\overset{\frown}{B'n'C'}$上的任意点. 连DG_1，并且延长DG_1到点A_1，使
$$G_1A_1 = 2DG_1$$
那么，G_1是$\triangle A_1BC$的重心.

又 $DA_1 : DG_1 = 3 : 1$

所以，点A_1在以D为位似中心，位似系数等于3的$\overset{\frown}{B'm'C'}$(或$\overset{\frown}{B'n'C'}$)的位似对应弧$\overset{\frown}{BmC}$(或$\overset{\frown}{BnC}$)上. 从而
$$\angle BA_1C = \alpha$$
所以，点G_1适合条件.

结论：由上述证明可得，所求的点G的轨迹是，以D为位似中心，位似系数等于$\dfrac{1}{3}$，$\overset{\frown}{BmC}$和$\overset{\frown}{BnC}$的位似对应弧：$\overset{\frown}{B'm'C'}$和$\overset{\frown}{B'n'C'}$（B'，C'两点除外）.

【例 24】 已知圆O中，AB是定弦，AD是变动着的弦. 以AB，AD为两条邻边作$\square ABCD$，设它的对角线交于点P. 求点P的轨迹.（如图 2.28）

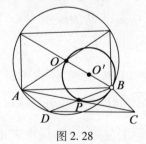

图 2.28

第 2 章　点的轨迹的探求

探求　这里,题设 AB 是定弦,AD 是动弦,所以 D 是动点. 又 P 是 $\square ABCD$ 的对角线的交点. 很明显,点 P 是随着点 D 的移动而移动着. 现在来考察 P,D 两点之间的对应关系.

因为 AB 是定弦,所以 B 是定点. 而 $DP = PB$. 所以,P 是以点 B 为位似中心,位似系数等于 $\frac{1}{2}$ 的点 D 的位似对应点. 而点 D 的轨迹是圆 O. 由此可知,点 P 的轨迹可能是,以点 B 为位似中心,位似系数等于 $\frac{1}{2}$ 的圆 O 的位似对应圆 O'.

证明　设 P' 是适合条件的点(如图 2.29). 那么,P' 是以点 B 为位似中心,位似系数等于 $\frac{1}{2}$ 的点 D' 的位似对应点. 所以点 P' 在圆 O' 上.

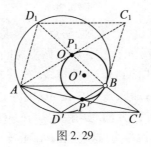

图 2.29

设 P_1 是圆 O' 上的任意点. 那么,以点 B 为位似中心,位似系数等于 2 的点 P_1 的位似对应点 D_1 一定在圆 O 上. 所以 B,P_1,D_1 三点在一条直线上,并且 $BP_1 = P_1 D_1$.

连 AP_1,并且延长 AP_1 到点 C_1,使 $P_1 C_1 = AP_1$.

连 AD_1,$D_1 C_1$,$C_1 B$. 那么 $ABC_1 D_1$ 是一个以定弦 AB、弦 AD_1 为邻边的平行四边形,而 P_1 是它的对角线

轨　　迹

的交点.

结论:由上述证明可得,所求的点 P 的轨迹是以点 B 为位似中心,位似系数等于 $\frac{1}{2}$ 的圆 O 的位似对应圆 O'.

【例 25】　从圆 O 外一点 A 到圆 O 引任意线段 AB,以 AB 为边作正三角形 $\triangle ABC$,并且使 C,O 两点位于 AB 的两旁,求 $\triangle ABC$ 的顶点 C 的轨迹.(如图2.30)

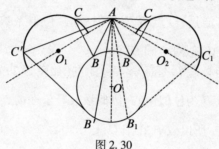

图 2.30

探求　这里,很明显,动点 C 是随着动点 B 的移动而移动着.现在来考察 B,C 两点之间的对应关系.

经过 A,O 两点作一条直线.容易看到,如果点 B 在 AO 的左边,那么 $\triangle ABC$ 在 AO 的左边.这时,$\angle BAC$ 的转向是顺时针方向.如果点 B 在 AO 的右边,那么 $\triangle ABC$ 在 AO 的右边.这时,$\angle BAC$ 的转向是逆时针方向.

设点 B 是圆 O 在 AO 左边的半圆上的任意点.那么,点 C 就是以点 A 为旋转中心,旋转角等于 $60°$,转向是顺时针方向的点 B 的旋转对应点.如果点 B 是圆 O 在 AO 右边的半圆上的任意点,那么,点 C 就是以点 A 为旋转中心,旋转角等于 $60°$,转向是逆时针方向的点 B 的旋转对应点.

第2章 点的轨迹的探求

由此可知,点 C 的轨迹可能是两个半圆,它们是以点 A 为旋转中心,旋转角等于 $60°$,转向分别是顺时针方向和逆时针方向的圆 O 在 AO 左右两旁的两个半圆的旋转对应半圆.

证明 设 C' 是适合条件的点. 也就是 $\triangle AB'C'$ 是正三角形,并且点 B' 在圆 O 位于 AO 的左边(或右边)的半圆上. 那么,点 C' 是以 A 为旋转中心,旋转角等于 $60°$,转向是顺时针(或逆时针)方向的点 B' 的旋转对应点. 所以点 C' 在半圆 O_1(或半圆 O_2)上.

设 C_1 是半圆 O_2(或半圆 O_1)上的任意点. 那么,在圆 O 上一定存在点 B_1,它是以点 A 为旋转中心,旋转角等于 $60°$,转向是顺时针方向(或逆时针方向)的点 C_1 的旋转对应点,并且 $\triangle AB_1C_1$ 是正三角形.

结论:由上述证明可得,所求点 C 的轨迹是两个半圆,它们分别是圆 O 在直线 AO 两旁的两个半圆的旋转对应半圆.

【例26】 定圆 O 的半径是 r,圆 O 内一个定点 P,AB 是经过点 P 的弦,设经过 A,B 两点的圆 O 的两条切线相交于点 M,求点 M 的轨迹.(如图 2.31)

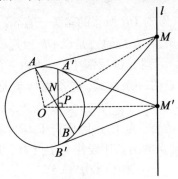

图 2.31

轨　　迹

探求　根据题设条件可知，M 是适合条件的点. 连 OM. 设 OM 交 AB 于点 N，那么
$$OM \perp AB, AN = NB$$
连 OA，那么
$$OA \perp AM$$
所以
$$\angle OAM = 90°$$
从而
$$ON \cdot OM = OA^2$$
就是
$$ON \cdot OM = r^2$$
所以，点 N 和点 M 是以 O 为反演中心，反演幂等于 r^2 的反演对应点. 而圆 O 是反演基圆.

由此可知，只要我们求出点 N 的轨迹，通过反演变换就可以得到点 M 的轨迹来.

已知 AB 是经过点 P 的弦. 而
$$ON \perp AB$$
所以
$$\angle ONP = 90°$$
这就是说，点 N 对 OP 所张的角等于直角.

由此可知，点 N 的轨迹是以 OP 为直径的圆. 因为以 OP 为直径的圆经过反演中心，所以它的反形是不经过反演中心的一条直线. 这条直线就是点 M 的轨迹.

设 $A'B'$ 是经过点 P 并且垂直于 OP 的弦. 又经过点 A', B' 的圆 O 的两条切线相交于点 M'. 那么
$$OP \cdot OM' = r^2$$
由本节例 14 可以知道，经过点 M' 并且垂直于

OPM' 的直线 l 就是点 M 的轨迹.

证明 （1）完备性：

如图 2.32，设 M_1 是适合条件的点，就是 M_1A_1，M_1B_1 是圆 O 的切线，A_1B_1 经过点 P.

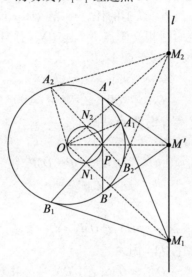

图 2.32

连 OM_1，设 OM_1 交 A_1B_1 于点 N_1. 又连 OA_1. 那么

$$ON_1 \cdot OM_1 = r^2$$

因为

$$OP \cdot OM' = r^2$$

所以

$$ON_1 \cdot OM_1 = OP \cdot OM'$$

所以，P, M', M_1, N_1 四点共圆.

于是

$$\angle M_1M'P = \angle B_1N_1M_1$$

进而可知

轨 迹

$$\angle M_1M'P = 90°$$

所以,点 M_1 在经过点 M' 并且垂直于 OPM' 的直线 l 上.

(2)纯粹性:

设 M_2 是直线 l 上的任意点.连 OM_2.设 OM_2 和以 OP 为直径的圆相交于点 N_2.连 PN_2,并且延长 PN_2,N_2P,分别交圆 O 于点 A_2, B_2.

因为
$$\angle ON_2P = 90°, \angle PM'M_2 = 90°$$
所以 N_2, P, M', M_2 四点共圆.

进而可知
$$ON_2 \cdot OM_2 = OP \cdot OM'$$
而
$$OP \cdot OM' = r^2$$
所以
$$ON_2 \cdot OM_2 = r^2$$

连 M_2A_2, OA_2. 因为
$$ON_2 \cdot OM_2 = OA_2^2, \angle A_2ON_2 = \angle M_2OA_2$$
所以
$$\triangle OA_2N_2 \backsim \triangle OM_2A_2$$
进而可知
$$\angle OA_2M_2 = \angle ON_2A_2 = 90°$$

所以,M_2A_2 是圆 O 的切线.

同理可得,M_2B_2 也是圆 O 的切线.

由此可知,点 M_2 适合条件.

结论:由(1),(2)可以得到,所求点 M 的轨迹是经过点 M',并且垂直于 OPM' 的直线 l.

从上面这几个例子可以看到,在探求动点 P 的轨迹时,如果遇到动点 P 的移动是随着另一个动点 M 的

移动而移动着,而且在整个过程中,点 P 和点 M 之间的关系始终是某一个合同变换、位似变换或反演变换的一对对应点,那么,点 P 的集合和点 M 的集合中点和点之间的关系,就是这个合同变换、位似变换或反演变换的对应点关系. 因此,如果知道点 M 的集合是图形 L,那么,把图形 L 经过上述合同变换、位似变换或反演变换后得出的图形 L',就是所求的点 P 的轨迹.

2.1.4 应用描迹法

【例27】 正三角形 $\triangle ABC$ 的顶点 A 固定,顶点 B 在定直线 l 上移动,求顶点 C 的轨迹.(如图2.33)

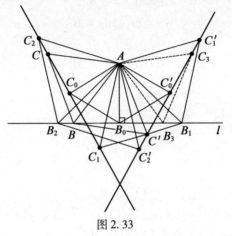

图 2.33

探求 这里,题设 l 是定直线,正三角形 $\triangle ABC$ 的顶点 A 是定点,顶点 B 在直线 l 上移动.

在直线 l 上取任意点 B_1,以 AB_1 为边在 AB_1 的两旁分别作正三角形 $\triangle AB_1C_1$ 和 $\triangle AB_1C'_1$;同样地,作正三角形 $\triangle AB_2C_2$ 和 $\triangle AB_2C'_2$,等. 再用一条光滑的线顺次连点 C_2, C, C_1. 可以看到,C_2CC_1 近似于一条直线;

轨　　迹

再顺次连点 $C_1', C', C_2', C_1'C'C_2'$ 也近似于一条直线. 而题设点 B 在直线 l 上移动,所以点 B 的位置可以趋向于无穷远. 因而点 C 的位置也可以趋向于无穷远. 因此,所求的轨迹可能是两条直线.

现在来进一步考察这两条直线的位置.

设 $AB_0 \perp l$,$\triangle AB_0C_0$ 和 $\triangle AB_0C_0'$ 是以 AB_0 为边的正三角形. 那么,C_0 和 C_0' 是轨迹上的两个特殊点.

因为 $\triangle ABC$ 是正三角形,所以

$$\angle CAB = \angle C_0AB_0$$

于是

$$\angle CAC_0 = \angle BAB_0$$

而

$$AC = AB, AC_0 = AB_0$$

所以

$$\triangle CAC_0 \cong \triangle BAB_0$$

从而

$$\angle CC_0A = \angle BB_0A$$

于是,有

$$\angle CC_0A = 90°$$

所以

$$CC_0 \perp AC_0$$

这就是说,连点 C, C_0 的直线垂直于定直线 AC_0. 同理可得,$C'C_0'$ 垂直于定直线 AC_0'.

由此可知,所求的点 C 的轨迹可能是垂直于 AC_0 和 AC_0' 的两条直线.

证明 （1）完备性:请参看探求部分,这里从略.

（2）纯粹性:

设 C_3 是经过点 C_0'（或 C_0）并且垂直于 AC_0'（或 AC_0）的直线上的任意点. 以 AC_3 为边作正三角形

第2章 点的轨迹的探求

$\triangle AB_3C_3$. 不妨设 $\triangle AB_3C_3$ 的三个角的转向和 $\triangle AB_0C_0'$ 的三个角的转向相同. 连 B_0B_3. 因为

$$AB_0 = AC_0', AB_3 = AC_3', \angle B_0AB_3 = \angle C_0'AC_3$$

所以

$$\triangle AB_0B_3 \cong \triangle AC_0'C_3$$

从而

$$\angle AB_0B_3 = \angle AC_0'C_3$$

所以

$$\angle AB_0B_3 = 90°$$

由此可知,点 B_3 在直线 l 上. 也就是点 B_3 适合条件.

结论:由(1),(2)可以得到,所求的点 C 的轨迹是两条直线,一条是经过点 C_0 并且垂直于 AC_0 的直线,另一条是经过点 C_0' 并且垂直于 AC_0' 的直线.

【例28】 已知两定圆 O 和 O' 相交于 A 和 A' 两点,经过点 A 引任意直线交圆 O 和圆 O' 分别于点 B 和 C. 设点 P 是 BC 的中点,求点 P 的轨迹.

探求 这里,题设两个定圆 O 和 O' 相交于点 A 和 A'. BC 是经过 A 点的直线,BC 交圆 O 和圆 O' 分别于点 B 和 C. P 是 BC 的中点.

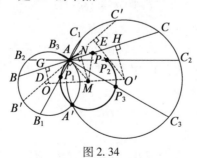

图 2.34

轨　　迹

经过点 A 作另一条直线交圆 O 和圆 O' 分别于点 B_1 和 C_1，设 B_1C_1 的中点是 P_1。同样地，作直线 B_2C_2，设 B_2C_2 的中点是 P_2；作直线 B_3C_3，设 B_3C_3 的中点是 P_3，等。用一条光滑的线顺次联结点 P, P_1, P_2, P_3，则 $P_1P_2P_3$ 近似于一个圆。由此可知，所求的轨迹可能是一个圆。

现在来进一步考察这个圆的大小、位置。

连 OO'，设 OO' 的中点是 M。连 AM。

经过点 A 作 $B'C' \perp MA$，设 $B'C'$ 交圆 O 和圆 O' 分别于点 B' 和 C'。

经过点 O, O' 分别作 $OD \perp B'C', O'E \perp B'C'$。则
$$OD \parallel MA \parallel O'E$$
由于
$$OM = O'M$$
则有
$$DA = AE$$
又由于
$$AD = \frac{1}{2}AB', AE = \frac{1}{2}AC'$$
从而
$$AB' = AC'$$

所以，点 A 是 $B'C'$ 的中点。

可以看到，点 A 是轨迹上的一个特殊点。

经过点 M, O, O' 分别作 $MN \perp BC, OG \perp BC, O'H \perp BC$。因为
$$MN \parallel OG \parallel O'H$$
所以
$$GN = NH, AG = BG, AH = HC$$

第 2 章 点的轨迹的探求

于是,得
$$GH = \frac{1}{2}BC$$

又 P 是 BC 的中点,所以
$$PC = \frac{1}{2}BC$$

于是,得
$$PC = GH$$

则有
$$GP = HC$$

所以
$$GP = HC = AH$$

于是
$$AG = PH$$

又因为
$$GN = HN$$

所以
$$AN = PN$$

从而
$$MA = MP$$

而 M 是定点.这就是说,点 P 到定点 M 的距离等于定长线段 MA.

由此可知,所求的点 P 的轨迹可能是以点 M 为圆心,MA 为半径的圆.

证明 (1)完备性:请参看探求部分,这里从略.

(2)纯粹性:

如图 2.35,设 P' 是圆 $M(MA)$ 上的任意点.经过点 P',A 的直线和圆 O,圆 O' 分别交于点 B',C'.

经过点 M,O,O' 分别作 $MN' \perp B'C'$,$OG' \perp B'C'$,

轨 迹

$O'H' \perp B'C'$. 则有

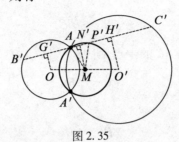

图 2.35

$$OG' /\!/ MN' /\!/ O'H'$$

所以
$$G'N' = N'H', B'G' = G'A, AH' = H'C'$$

从而
$$G'H' = \frac{1}{2}B'C'$$

又因为
$$MA = MP'$$

所以
$$AN' = N'P'$$

从而
$$G'A = P'H'$$

由于
$$B'G' = G'A$$

则有
$$B'G' = P'H'$$

于是
$$B'P' = G'H'$$

所以
$$B'P' = \frac{1}{2}B'C'$$

这就是说,P' 是 $B'C'$ 的中点.

所以,点 P' 适合条件.

由此可知,在圆 $M(MA)$ 上的点适合条件.

结论:由(1),(2)可以得到,点 P 的轨迹是以点 M 为圆心,以 MA 为半径的圆.

【例29】 已知线段 AB 的长等于定长线段 l,它的两个端点 A,B 分别在定角 $\angle ROS$ 的两边上移动. 设 $\angle ROS = \alpha$. 经过点 A,B 分别作所在边的垂线,设它们相交于点 P. 求点 P 的轨迹.(如图 2.36)

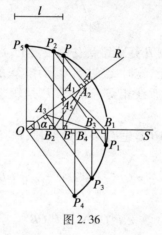

图 2.36

探求 按照题意,作出适合条件的点 P,P_1,P_2,P_3,P_4,P_5. 再用光滑的线把它们联结起来. 可以看到,这条连线可能是一条圆弧.

如图 2.37,如果把点 A 移动到点 O 的位置上,点 B 就移动到点 B' 的位置上,这时 $AB'(OB')$ 等于 l. 经过点 O 作 OR 的垂线,经过点 B' 作 OS 的垂线,设这两直线相交于点 P'. 很明显,点 P' 是轨迹上的一个邻界点.

轨　　迹

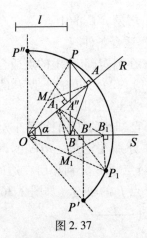

图 2.37

如果把点 B 移动到点 O 的位置上,点 A 就移动到点 A'' 的位置上,这时,经过点 O 所作 OS 的垂线和经过 A'' 所作 OR 的垂线相交于点 P''. P'' 是轨迹上的另一个邻界点.

而题设 AB 是适合条件的线段,P 是适合条件的点. 因为

$$OA''=OB',\angle P''OA''=\angle P'OB'$$

所以

$$\triangle P''OA''\cong\triangle P'OB'$$

从而

$$OP'=OP''$$

而

$$OP'=\frac{OB'}{\cos(90°-\alpha)}=\frac{l}{\sin\alpha}$$

连 OP,并且取 OP 的中点 M. 连 MA,MB.

由于

$$\angle PAO=90°,\angle PBO=90°$$

则 O,P,A,B 四点在以 OP 为直径的圆上. 所以

第 2 章　点的轨迹的探求

$$MO = MA = MB = MP$$
$$\angle AMB = 2\angle AOB = 2\alpha$$

从而,得

$$AB^2 = 2MA^2 - 2MA^2 \cos 2\alpha =$$
$$2MA^2(1 - \cos 2\alpha) =$$
$$4MA^2 \sin^2 \alpha$$

于是

$$4MA^2 \sin^2 \alpha = l^2, 2MA \sin \alpha = l$$

所以

$$MA = \frac{1}{2} l \csc \alpha$$

这就是说,MA 的长等于定长.

所以

$$OP = 2MA = l \csc \alpha$$

于是

$$OP = OP' = OP''$$

由此可知,点 P 的轨迹可能是以 O 为圆心,半径的长等于定长 $l \csc \alpha$ 的圆上的一个弧$\overset{\frown}{P''PP'}$.

证明　(1)完备性:请参看探求部分,这里从略.

(2)纯粹性:

如图 2.37,在$\overset{\frown}{P'PP''}$上取任意点 P_1. 经过点 P_1 作 OR, OS 的垂线 P_1A_1, P_1B_1,分别交 OR, OS 于点 A_1, B_1. 容易知道,O, P_1, B_1, A_1 四点都在以 OP_1 为直径的圆上.

设 M_1 是 OP_1 的中点. 那么

$$M_1B_1 = M_1A_1 = \frac{1}{2} OP_1, \angle A_1M_1B_1 = 2\angle A_1OB_1$$

于是

轨　　迹

$$\angle A_1M_1B_1 = 2\alpha$$

所以
$$A_1B_1^2 = 2M_1A_1^2 - 2M_1A_1^2\cos 2\alpha$$
$$= 2M_1A_1^2(1-\cos 2\alpha) =$$
$$4M_1A_1^2\sin^2\alpha$$

从而
$$A_1B_1 = 2M_1A_1\sin\alpha$$

又因为
$$OP_1 = l\csc\alpha$$

所以
$$M_1A_1 = \frac{1}{2}l\csc\alpha$$

从而,得
$$A_1B_1 = 2 \cdot \frac{l}{2\sin\alpha} \cdot \sin\alpha = l$$

所以,点 P_1 适合条件.

由此可知,在 $\overset{\frown}{P'PP''}$ 上的点适合条件.

结论:由(1),(2)可得,所求的点 P 的轨迹是 $\overset{\frown}{P'PP''}$.

2.1.5　应用间接的方法

在探求轨迹时,除采用上面所说的一些方法直接得出所求的轨迹以外,有时可以根据图形之间的关系,把所求的轨迹问题转化为新的点的轨迹问题,从而得出所求的轨迹来. 这就是间接求迹法.

【例30】　已知 $\triangle ABC$ 是一个定三角形,平行于底边 BC 的任意直线和其他两边 AB,AC 分别交于点 D, E. 连 BE,CD. 设 BE 和 CD 交于点 M. 求点 M 的轨迹.

（如图 2.38）

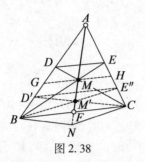

图 2.38

探求 这里，题设 M 是适合条件的点. 设经过点 M 并且平行于 BC 的直线和 AB, AC 分别交于点 G, H. 那么
$$GM:DE = BG:BD, MH:DE = CH:CE$$
由于
$$DE \parallel GH \parallel BC$$
则有
$$BG:BD = CH:CE$$
所以
$$GM:DE = MH:DE$$
从而
$$GM = MH$$
这就是说，M 是 GH 的中点.

由此可知，点 M 的轨迹实际上就是，平行于定三角形的底边 BC 而止于其他两边的线段 GH 的中点的轨迹.

连 AM，并且延长 AM 交 BC 于点 F.
由于
$$GH \parallel BC$$
则有

轨　　迹

$$GM:MH = BF:FC$$

而
$$GM = MH$$

所以
$$BF = FC$$

由此可知,点 M 在 $\triangle ABC$ 的中线 AF 上.

反之,设 M 是 $\triangle ABC$ 的中线 AF 上的任意点. 经过点 M 并且平行于 BC 的直线交 AB,AC 分别于点 G,H. 那么

$$GM:MH = BF:FC$$

由于
$$BF = FC$$

则有
$$GM = MH$$

所以,GH 的中点的轨迹是 $\triangle ABC$ 的中线 AF.

因此,所求的点 M 的轨迹可能是 $\triangle ABC$ 的中线 AF.

证明　（1）完备性：请参看探求部分,这里从略.

（2）纯粹性：

设 M' 是 $\triangle ABC$ 的中线 AF 上的任意点. 连 BM',CM',并且延长 BM' 交 AC 于点 E',延长 CM' 交 AB 于点 D',连 $D'E'$.

延长 AF 到点 N,使 $FN = M'F$,那么四边形 $BM'CN$ 是平行四边形. 所以

$$BN \parallel CM', CN \parallel BM'$$

于是
$$AD':AB = AM':AN, AE':AC = AM':AN$$

从而

第 2 章　点的轨迹的探求

$$AD':AB = AE':AC$$

所以
$$D'E' \mathbin{/\mkern-4mu/} BC$$

所以,点 M' 适合条件.

结论:由(1),(2)可以得到,点 M 的轨迹是 $\triangle ABC$ 的中线 AF.

【例 31】　已知 $\triangle ABC$ 内接于定圆 O,它的底边 BC 固定,AC 边的中点 E 在直线 AB 上的射影是点 M. 求点 M 的轨迹.(如图 2.39)

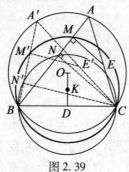

图 2.39

探求　这里,E 是 AC 的中点,EM 垂直于 AB.
经过点 C 作 $CN \perp AB$. 则
$$CN \mathbin{/\mkern-4mu/} EM$$

所以
$$AM = MN$$

很明显,当点 A 在圆 O 上移动时,点 C 在 AB 上的射影点 N 也随着在移动,而 AC 的中点 E 在 AB 上的射影点 M 总是 AN 的中点. 容易看到,点 N 的轨迹是以 BC 为直径的圆,设圆心是 D.

由此可见,点 M 就是经过点 B 的直线和圆 D、圆 O 分别相交于点 N,A 的线段 NA 的中点. 根据例 28 可

轨　　迹

以知道,点 M 的轨迹是以 OD 的中点 K 为圆心,以 KB 为半径的圆.

证明　(1)完备性:请参看探求部分,这里从略.

(2)纯粹性:

设 M' 是以点 K 为圆心,以 KB 为半径的圆上的任意点. 连 BM',设 BM' 交圆 D 于点 N',BM' 的延长线交圆 O 于点 A'. 那么,M' 是 $A'N'$ 的中点.

连 $A'C$,$N'C$. 经过点 M' 作 $M'E' \parallel N'C$,设 $M'E'$ 交 $A'C$ 于点 E'. 因为 M' 是 $A'N'$ 的中点,所以 E' 是 $A'C$ 的中点.

由于 $\angle BN'C = 90°$,则 $\angle BM'E' = 90°$.

所以,点 M' 适合条件.

由此可知,圆 K 上的点适合条件.

结论:由(1),(2)可以得到,点 M 的轨迹是以 OD 的中点 K 为圆心,以 KB 为半径的圆.

【例32】　已知定直角 $\angle MAN$,定长线段 l,圆 O 和圆 O' 相外切于点 P,它们的半径都等于 l,并且圆 O、圆 O' 分别和直角 $\angle MAN$ 的两边 AM,AN 相切,求点 P 的轨迹.(如图 2.40)

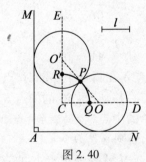

图 2.40

探求　根据题设条件可知,P 是圆 O 和圆 O' 相外切的切点. 所以,点 P 在连心线 OO' 上. 又因为圆 O 和圆 O' 的半径相等,所以 P 是 OO' 的中点.

很明显,点 P 是随着两圆的位置的移动而移动着. 而这两个圆的半径是确定的. 所以,这两个圆的位置是随着圆心的位置的移动而移动.

因为圆 O 在直角 $\angle MAN$ 的内部,它的半径等于定长 l,并且它和 AN 相切,所以点 O 在一条和 AN 平行,并且和 AN 的距离等于 l 的射线 CD 上. 同理可得,点 O' 在一条和 AM 平行,并且和 AM 的距离等于 l 的射线 CE 上. 这两条射线有公共端点 C,并且它们构成一个直角 $\angle ECD$. 这样,原来的轨迹问题就转化为下列轨迹问题:"已知动线段 OO' 的长等于定长 $2l$,它的两个端点在直角 $\angle ECD$ 的两边上移动,P 是 OO' 的中点,求点 P 的轨迹". 根据本单元例 4 可以知道,OO' 的中点 P 的轨迹是以 C 为圆心,半径等于 l 的圆夹在 $\angle ECD$ 内的一个弧 RQ.

证明 (1) 完备性:

如图 2.41,设 P' 是适合条件的点,连 O_1O_1'. 那么点 P' 在 O_1O_1' 上.

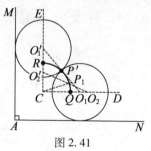

图 2.41

因为圆 O_1 和圆 O_1' 的半径相等(都等于 l),所以 P' 是 O_1O_1' 的中点.

轨　迹

而圆 O_1 在 $\angle MAN$ 的内部,并且和 AN 相切,所以,点 O_1 在和 AN 平行并且和 AN 的距离等于 l 的射线上. 同理可得,点 O_1' 在和 AM 平行并且和 AM 的距离等于 l 的射线 CE 上.

由于
$$CD \mathbin{/\mkern-5mu/} AN, CE \mathbin{/\mkern-5mu/} AM$$
而且
$$AM \perp AN$$
所以
$$CE \perp CD$$
则有
$$\angle ECD = 90°$$

综上所述可知,线段 O_1O_1' 的长等于 $2l$,它在直角 $\angle ECD$ 的内部,它的两端分别在 $\angle ECD$ 的两边上移动. 根据本节的例4,可以知道,O_1O_1' 的中点 P' 在以点 C 为圆心,以 l 为半径的圆夹在 $\angle DCE$ 内的 $\overset{\frown}{RQ}$ 上.

(2)纯粹性:

设 P_1 是 $\overset{\frown}{RQ}$ 上的任意点. 以点 P_1 为圆心,以 l 为半径作弧交 CD 于点 O_2. 连 O_2P_1,并且延长 O_2P_1 交 CE 于点 O_2'. 连 CP_1.

因为
$$CP_1 = l, P_1O_2 = l$$
所以
$$CP_1 = P_1O_2$$
从而
$$\angle P_1CO_2 = \angle P_1O_2C$$
而

第2章 点的轨迹的探求

$$\angle O_2'CO_2 = 90°$$

所以

$$\angle P_1CO_2' = \angle P_1O_2'C$$

于是

$$P_1O_2' = P_1C = P_1O_2$$

这就是说,P 是 O_2O_2' 的中点.

设圆 O_2 和圆 O_2' 是以点 O_2, O_2' 分别为圆心,以 l 为半径的圆. 因为 O_2O_2' 的长等于 $2l$,所以这两个圆外切于点 P_1.

又点 O_2 在 CD 上,点 O_2' 在 CE 上,所以圆 O_2、圆 O_2' 分别和 AN, AM 相切.

所以,在 $\overset{\frown}{RQ}$ 上的点适合条件.

结论:由(1),(2)可以得到,点 P 的轨迹是以点 C 为圆心,以 l 为半径的圆夹在直角 $\angle ECD$ 内的一个弧 RQ.

上面介绍了平面几何中常见的一些探求轨迹的方法,这些方法统称为综合法. 在应用综合法探求轨迹时还应该注意:

①审题时必须仔细、周密,要全面地考察题设条件. 这是因为,题设条件有时蕴涵着多种情形. 例如:如果题设条件是动圆和一个定圆相切,那么这两个圆就可能有外切或者内切两种情形;如果题设条件是动点到定直线的距离等于定长,那么这个动点可以在定直线的任何一旁,因而也就有两种情形;如果题设条件是两个定圆,那么这两个定圆可能有外离、外切、相交、内切或内含等情形,等. 因此,在审题时,必须仔细考察题设条件,列举出各种可能情形,否则就会导致所得的结果有缺陷或不纯粹.

【例33】 求到定圆的距离等于这圆的半径的点的轨迹.

轨　　迹

已知:圆 O 是定圆,它的半径是 r,动点 P 到定圆 O 的距离等于 r.

求:点 P 的轨迹.

探求　如果点 P 在定圆 $O(r)$ 的内部,很明显,这时,点 P 就是点 O.

如果点 P 在圆 $O(r)$ 的外部(图 2.42),连 OP,设 OP 和圆 O 交于点 A. 那么

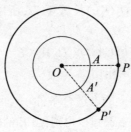

图 2.42

$$OP = OA + AP = r + r = 2r$$

这就是说,点 P 到定点 O 的距离等于 $2r$. 所以,点 P 在以 O 为圆心,以 $2r$ 为半径的圆上.

由此可知,所求的点 P 的轨迹可能是定圆的圆心 O 和以点 O 为圆心,以 $2r$ 为半径的圆.

证明　(1)完备性:请参看探求部分,这里从略.

(2)纯粹性:

设点 P 在圆 $O(r)$ 的内部,这时,点 O 适合条件是很明显的.

设点 P 在圆 $O(r)$ 的外部.

在圆 $O(2r)$ 上取任意点 P'. 因为点 P' 在圆 $O(r)$ 的外部,所以线段 OP' 一定和圆 $O(r)$ 交于一点,设点 A'. 这时,有

$$A'P' = OP' - OA' = 2r - r = r$$

所以,点 P' 适合条件.

结论:由(1),(2)可以得到,所求的轨迹是点 O 和圆 $O(2r)$.

上面这个例题中的轨迹是由一个点和一个圆合成的. 这个点叫做轨迹的孤立点.

从这个例子可以看到,如果在探求轨迹时,只考虑到动点在圆 O 的外部一种情形,那就会把轨迹的一个孤立点 O 漏掉.

【例 34】 求以定长线段为半径,并且和定圆相切的圆的圆心的轨迹.

已知:定圆 $O(r)$ 和定长线段 l,动圆的半径等于 l,并且和定圆 $O(r)$ 相切.(如图 2.43)

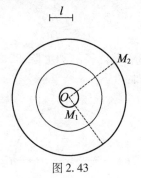

图 2.43

求:动圆的圆心点 M 的轨迹.

探求 如果圆 M 和圆 O 相内切,连 OM,那么
$$OM = |r - l|$$

所以,点 M 的轨迹可能是以点 O 为圆心,半径等于 $|r - l|$ 的圆.

如果圆 M 和圆 O 相外切,连 OM,那么
$$OM = r + l$$

所以,点 M 的轨迹可能是以点 O 为圆心,半径等

轨　　迹

于 $r+l$ 的圆.

综上所述可知,点 M 的轨迹可能是圆 O 的两个同心圆:圆 $O(|r-l|)$ 和圆 $O(r+l)$.

证明从略.

【例35】　在 $\triangle ABC$ 中,BC 边固定,$AD \perp BC$,设 D 是垂足,并且点 D 在 B,C 两点之间.如果 $\dfrac{AB^2}{AC^2} = \dfrac{BD}{DC}$,求点 A 的轨迹.

探求　(1)设 $\angle A = 90°$,如图 2.44.

这里,题设 $AD \perp BC$. 所以
$$AB^2 = BC \cdot BD, AC^2 = BC \cdot DC$$

从而,得
$$\frac{AB^2}{AC^2} = \frac{BD}{DC}$$

所以,以 BC 为直径的圆上除 B,C 两点以外的任意点都适合条件.

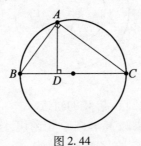

图 2.44

(2)设 $\angle A \neq 90°$,如图 2.45.

这里,题设 $AD \perp BC$,点 D 在 B,C 两点之间,并且
$$\frac{AB^2}{AC^2} = \frac{BD}{DC}$$

设 BE,CF 分别是 AC,AB 上的高,那么,A,F,D,C

四点共圆,A,B,D,E 四点也共圆.

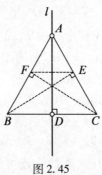

图 2.45

所以
$$BA \cdot BF = BC \cdot BD, CA \cdot CE = CB \cdot CD$$
从而
$$\frac{AB}{AC} \cdot \frac{FB}{EC} = \frac{DB}{DC}$$
又由于
$$\frac{AB^2}{AC^2} = \frac{BD}{DC}$$
则有
$$\frac{FB}{EC} = \frac{AB}{AC}$$
就是
$$\frac{FB}{AB} = \frac{EC}{AC}$$
连 EF,那么
$$EF // BC$$
于是
$$\angle AFE = \angle ABC$$
因为 B,C,E,F 四点共圆,所以
$$\angle ABC = \angle ACB$$

轨　　迹

从而
$$AB = AC$$

这就是说,点 A 到定线段 BC 的两端点 B,C 的距离相等.所以点 A 在线段 BC 垂直平分线上.

很明显,点 A 关于 BC 的对称点也适合条件,并且 AB,AC 的长度是无限的,所以点 A 可达无穷远.

由此可知,当 $\angle A \neq 90°$ 时,点 A 的轨迹可能是线段 BC 的垂直平分线.

综上所述可知,点 A 的轨迹可能是由线段 BC 的垂直平分线和以 BC 为直径的圆所合成.线段 BC 的两个端点、中点都是轨迹的极限点.

证明从略.

上面这个例子中,在探求轨迹时,如果没有考虑到 $\angle A$ 可以是直角,也可以不是直角;也就是 $\triangle ABC$ 可以是直角三角形,也可以不是直角三角形这两种情形,那就会导致所求得的轨迹不完备.

【例 36】　求和两定圆直交的圆的圆心的轨迹.

已知:两定圆 $O(r)$ 和 $O'(r')$.动圆 M 和圆 O、圆 O' 都直交.(如图 2.46)

求:点 M 的轨迹.

探求　这里,题设圆 M 是适合条件的圆.

设圆 M 和圆 O 垂直相交于点 P,P'.那么经过点 P,P' 的圆 O 的切线一定经过圆 M 的圆心点 M.设圆 M 和圆 O' 垂直相交于点 Q,Q'.那么经过点 Q,Q' 的圆 O' 的切线也一定经过圆 M 的圆心点 M.

连 $OP,OM,O'Q,O'M$.那么
$$MO^2 = MP^2 + OP^2, MO'^2 = MQ^2 + O'Q^2$$

由于

第 2 章 点的轨迹的探求

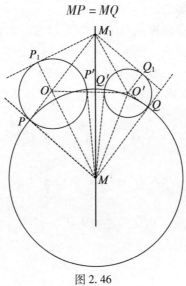

图 2.46

则
$$MO^2 - MO'^2 = OP^2 - O'Q^2$$
所以
$$MO^2 - MO'^2 = r^2 - r'^2$$

这就是说,点 M 到两定点 O,O' 的距离的平方差等于定值.所以点 M 在两定点 O,O' 的定差幂线上.

因为圆 M 和圆 O 直交,所以圆 M 的圆心 M 一定在圆 O 的外部.同理可得,圆心 M 也一定在圆 O' 的外部,而两定圆的位置关系有外离、外切、相交、内切、内含等情形.因为当两圆相交时,两定点 O,O' 的定差幂线的一部分在两定圆内,所以这一部分上的点不适合条件.

由此可知,所求的点 M 的轨迹可能是两定点 O,O' 的定差幂线,在两定圆外的部分.

证明 (1)完备性:请参看探求部分,这里从略.

(2)纯粹性:

设 M_1 是两定点 O,O' 的定差幂线在两定圆外的部分上的点,就是

$$M_1O^2 - M_1O'^2 = r^2 - r'^2$$

经过点 M_1 作圆 O 和圆 O' 的切线 M_1P_1, M_1Q_1. 连 $OP_1, O'Q_1$. 则有

$$M_1P_1^2 = M_1O^2 - r^2, M_1Q_1^2 = M_1O'^2 - r'^2$$

由于

$$M_1O^2 - M_1O'^2 = r^2 - r'^2$$

则

$$M_1O^2 - r^2 = M_1O'^2 - r'^2$$

所以

$$M_1P_1^2 = M_1Q_1^2$$

进而,得

$$M_1P_1 = M_1Q_1$$

很明显,以点 M_1 为圆心,以 M_1P_1 为半径的圆 M_1 一定经过点 Q_1. 因为圆 M_1 和圆 O 交于点 P_1,并且经过交点 P_1 的圆 O 的切线经过圆 M_1 的圆心 M_1,所以圆 M_1 和圆 O 一定垂直相交. 同理可得,圆 M_1 和圆 O' 也一定垂直相交.

所以,点 M_1 适合条件.

结论:由(1),(2)可以得到,点 M 的轨迹是两定点 O,O' 的定差幂线在两定圆外的部分,并且 $MO^2 - MO'^2 = r^2 - r'^2$.

从上面这个例题的探求中可以看到,如果没有考虑到两定圆 O,O' 相交时,两定点 O,O' 的定差幂线有一部分在两定圆的内部,那就会错误地认为所求的轨迹是全部定差幂线. 这样,在两定圆相交时,所得到的

第 2 章 点的轨迹的探求

轨迹就不纯粹了.

【例 37】 设 AB 是定圆 O 的定直径,AC 是弦,延长 AC 到点 M,使 $CM = BC$,求点 M 的轨迹.(如图2.47)

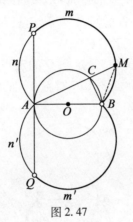

图 2.47

解法探讨 如果连 MB,那么
$$CM = BC, \angle ACB = 90°$$
所以
$$\angle AMB = \frac{1}{2}\angle ACB = 45°$$

而 AB 是定线段.这样,往往会错误地认为,点 M 的轨迹是以 AB 为弦,所含圆周角等于 $45°$的两个弧.

如果仔细考察割线 ACM 的变动情形,可以看到,当点 C 移动到点 A 的位置上,割线 ACM 就移动到它的极限位置.这时,割线 ACM 就是经过点 A 的圆 O 的切线 AP.设切线 AP 交$\overparen{AmB}$,$\overparen{Am'B}$分别于点 P,Q.可以看到,点 P,Q 是轨迹的两个临界点.所以,$\overparen{AnP}$和$\overparen{An'Q}$上的点都不适合条件.由此可知,如果忽略了割线 ACM 的极限位置,那么就会得出以 AB 为弦,所含圆周角等于 45°的两个弧这个错误结论.

其实,所求的点 M 的轨迹是以 AB 为弦,所含圆周角等于 45°的两个弓形弧,除去 $\overset{\frown}{PnA}$ 和 $\overset{\frown}{An'Q}$ 两部分.

注 为了节省篇幅,这里我们只对解法作一些探讨,具体解法请读者自己完成.

【例 38】 设 BC 是定圆 O 的定直径,A 是这圆上的一个动点,点 P 是 $\triangle ABC$ 对着 $\angle A$ 的傍心.求点 P 的轨迹.(如图 2.48)

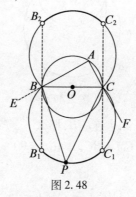

图 2.48

解法探讨 这里,题设点 P 是 $\triangle ABC$ 对着 $\angle A$ 的傍心.那么

$$\angle PBC + \angle PCB = \frac{1}{2}(180° - \angle ABC + 180° - \angle ACB)$$

$$= \frac{1}{2}(180° + \angle A) = 90° + \frac{1}{2}\angle A$$

所以

$$\angle BPC = 180° - \left(90° + \frac{1}{2}\angle A\right)$$

$$= 90° - 45° = 45°$$

如果没有考虑到轨迹的界限问题,那么往往会错

第2章 点的轨迹的探求

误地认为,点 P 的轨迹是以 BC 为弦,所含圆周角等于 $45°$ 的两个弧.

如果我们能够注意到,BP 和 CP 分别是 $\angle ABC$ 和 $\angle ACB$ 的外角的平分线,当 $\triangle ABC$ 变动时,不论它的形状如何,$\angle ABC$ 的邻角 $\angle EBC$ 总是小于两直角,而 $\angle PBC$ 等于 $\angle EBC$ 的一半,所以 $\angle PBC$ 总是锐角. 同理可得,$\angle PCB$ 也总是锐角. 设 B_1B_2 和 C_1C_2 分别是经过点 B,C 的定圆 O 的切线. 那么,BP 和 CP 分别在 $\angle B_1BC$ 和 $\angle C_1CB$ 的内部,所以 BP 和 CP 的交点 P 一定在两平行线 B_1B_2 和 C_1C_2 之间. 点 P 就在 $\overparen{B_1C_1}$ 或者 $\overparen{B_2C_2}$ 上. 由此可知,所求的轨迹只是上面所说的两个弧的一部分,就是夹在两平行线 B_1B_2,C_1C_2 之间的两个劣弧:$\overparen{B_1C_1}$ 和 $\overparen{B_2C_2}$.

可见,在探求轨迹时,如果不注意轨迹的界限问题,那就会得出有瑕疵的轨迹.

【例39】 $\triangle ABC$ 的底边 BC 固定,顶角 A 等于定锐角 α,求它的垂心 H 的轨迹.(如图 2.49)

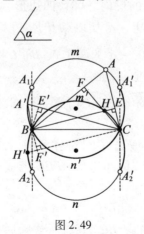

图 2.49

轨　　迹

解法探讨　这里,题设 H 是 $\triangle ABC$ 的垂心,BE,CF 分别是 AC,AB 上的高.

在四边形 $AFHE$ 中,有
$$\angle AFH = \angle AEH = 90°$$
所以
$$\angle FHE = \angle BHC = 180° - \alpha$$

这时,如果我们不加考虑地认为,点 H 的轨迹是以 BC 为弦,所含圆周角等于 $180° - \alpha$ 的两个弓形弧,那就错了.

因为 $\triangle ABC$ 的一条边 BC 固定,顶角 A 等于定角 α,所以点 A 的轨迹是以 BC 为弦,所含圆周角等于 α 的两个弓形弧:$\overset{\frown}{BmC}$ 和 $\overset{\frown}{BnC}$. 又 α 是锐角. 所以,当点 A 在 $\overset{\frown}{BmC}$(或 $\overset{\frown}{BnC}$)上移动时,$\angle ABC$ 的大小随着在不断地变化着,它或者是锐角,或者是直角,或者是钝角. 而 $\angle ACB$ 也或者是锐角,或者是直角,或者是钝角.

容易知道,当 $\angle ABC$ 和 $\angle ACB$ 都是锐角时,$\triangle ABC$ 的垂心 H 在它的形内. 这时,四边形 $AFHE$ 是凸四边形,$\angle BHC = 180° - \alpha$. 所以点 H 是在以 BC 为弦,所含圆周角等于 $180° - \alpha$ 的两个弧:$\overset{\frown}{Bm'C}$ 和 $\overset{\frown}{Bn'C}$ 上. 这就是上面所讨论过的情形.

很明显,$\overset{\frown}{Bm'C}$ 和 $\overset{\frown}{BnC}$ 构成一个圆,$\overset{\frown}{Bn'C}$ 和 $\overset{\frown}{BmC}$ 也构成一个圆.

当 $\angle ABC$(或 $\angle ACB$)是钝角时,$\triangle ABC$ 的垂心 H 在它的形外. 这时,四边形 $AFHE$ 就成了非凸四边形 $A'F'H'E'$. 因为
$$\angle BH'C = \angle A = \angle \alpha$$
所以,点 H' 就在以 BC 为弦,所含圆周角等于 α 的弧

上.

现在来考察这个轨迹的界限.

经过点 B 和点 C 分别作 BC 的垂线 A_1A_2, $A_1'A_2'$. A_1A_2, $A_1'A_2'$ 分别交 $\overparen{BmC}$ 和 $\overparen{BnC}$ 于点 A_1, A_2 和点 A_1', A_2'. 容易看到,当点 A 在 A_1, A_2(或 A_1', A_2')的位置上,这时 $\triangle ABC$ 是直角三角形,点 H 就在点 B(或点 C). 当点 A 在 $\overparen{A_1mA_1'}$(或 $\overparen{A_2nA_2'}$)上时,$\triangle ABC$ 是锐角三角形,这时,点 H 在 $\overparen{Bm'C}$(或 $\overparen{Bn'C}$)上. 当点 A 在劣弧 A_1B 上(如点 A')时,$\triangle ABC$ 是钝角三角形,它的垂心 H(如 H')在它的形外,并且点 $H(H')$ 和 $A(A')$ 在 BC 的两旁. 这时,有

$$\angle BHC(\angle BH'C) = \angle A = \alpha$$

所以点 $H(H')$ 一定在和点 A 所在弧 $\overparen{BmC}$ 对称的弧 $\overparen{BnC}$ 上.

又由于

$$AH \perp BC(A'H' \perp BC)$$

则有

$$AH /\!/ A_1A_2(A'H' /\!/ A_1A_2)$$

所以,这时点 $H(H')$ 和点 A 在 A_1A_2 的同旁. 也就是点 $H(H')$ 一定在劣弧 BA_2 上.

当点 A 沿着 $\overparen{A_1B}$ 从点 A_1 移向点 B 时,点 H 就沿着 $\overparen{BA_2}$ 从点 B 移向点 A_2. 当点 A 移到点 B 的位置上时,$\triangle ABC$ 就退缩成为一条线段. 因此,点 A_2 是轨迹的一个临界点. 同理,当点 A 在劣弧 A_2B 上移动时,$\triangle ABC$ 也是钝角三角形. 这时,$\triangle ABC$ 的垂心 H 在劣弧 A_1B 上,并且点 A_1 是轨迹的另一个临界点.

应用对称性可以知道，所求的轨迹是$\overparen{A_2BCA_2'}$和$\overparen{A_1BCA_1'}$两个弧. A_1,A_1',A_2,A_2'是轨迹的临界点.

2.1.6 应用轨迹于作图

一个作图问题的解决通常可以归结到要确定某个点的位置，而确定一个点的位置，通常需要两个条件. 这时，我们可以先求出适合两个条件中的一个条件 A 的点的轨迹 L，然后再求出适合另一个条件 B 的点的轨迹 L'，这样，两个轨迹 L 和 L' 的交集就是所要求作的点. 这种解作图题的方法叫做交轨法.

【例 40】 求作一个圆，使它的半径等于定长线段，并且它切于已知角的两边.

已知：$\angle ABC$，定长线段 l. （如图 2.50）

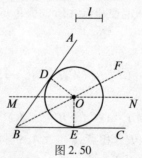

图 2.50

求作 一个圆，使它的半径等于定长线段 l，并且切于 $\angle BAC$ 的两边.

分析 假定圆 O 是求作的圆. 因为已知圆 O 的半径等于定长线段 l，所以，要作出圆 O 就只要确定圆心 O 的位置.

因为圆 O 和 $\angle ABC$ 的夹边 BA,BC 都相切，设切点分别是 D,E，所以 OD,OE 都是半径，它们都和线段 l

第 2 章　点的轨迹的探求

相等,并且 OD, OE 分别垂直于 BA, BC.

由此可知,点 O 必须适合两个条件:一是点 O 到 $\angle ABC$ 的两边 BA, BC 的距离相等;二是点 O 到 BC(或 BA)的距离等于线段 l. 容易知道,适合第一个条件的点的轨迹是 $\angle ABC$ 的平分线;适合第二个条件的点的轨迹是和 BC(或 BA)平行并且和 BC(或 BA)的距离等于定长线段 l 的直线,而这两个轨迹的交集就是所求的圆心.

作法　(1) 作 $\angle ABC$ 的平分线 BF.

(2) 在 $\angle ABC$ 的内部作平行于 BC 边并且和 BC 的距离等于定长线段 l 的直线 MN,设 MN 和 BF 交于点 O.

(3) 以 O 为圆心,以 l 为半径作圆. 那么圆 O 就是所求作的圆.

证明　因为 BF 是 $\angle ABC$ 的平分线,与平行于 BC 并且和 BC 的距离等于线段 l 的直线 MN 与 BF 的交点是点 O,所以点 O 到 BA 和 BC 的距离相等,并且都等于 l. 这就是说,以点 O 为圆心,以 l 为半径的圆,它的圆心到 BA 和 BC 的距离都等于圆的半径. 因此圆 O 和 BA, BC 都相切.

【例 41】　已知三角形的两边的积,这两边的夹角的大小和第三边的长,求作这三角形.

已知:线段 a, k 和 α. (如图 2.51)

求作: $\triangle ABC$,使 $BC = a, \angle A = \alpha, AB \cdot AC = k^2$.

分析　假定 $\triangle ABC$ 是求作的三角形. 因为已知 BC 的长等于 α,所以顶点 B, C 的位置可以确定. 这样,要作出 $\triangle ABC$,就只要确定顶点 A 的位置.

轨 迹

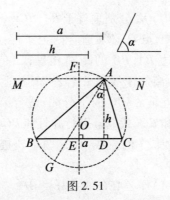

图 2.51

根据题设条件,可知
$$\angle A = \alpha, AB \cdot AC = k^2$$
所以点 A 的位置必须适合这两个条件.

容易知道,适合第一个条件的点的轨迹,是以 BC 为弦,所含圆周角等于 α 的弧. 这个弧的所在圆正是 △ABC 的外接圆.

设 AD 是 △ABC 的 BC 边上的高,并且 AD 等于 h,△ABC 的外接圆的半径等于 r. AOG 是圆 O 的直径. 则有
$$\angle ABG = \angle ADC = 90°, \angle ACD = \angle AGB$$
于是
$$\triangle ABG \sim \triangle ADC$$
$$AB : AD = AG : AC$$
所以
$$AB \cdot AC = AD \cdot AG$$
就是
$$AB \cdot AC = 2rh$$
而
$$AB \cdot AC = k^2$$

102

第 2 章 点的轨迹的探求

则有
$$2rh = k^2$$
就是
$$h = \frac{k^2}{2r}$$

所以 h 的长度是确定的.

由此可知,求适合第二个条件的点的轨迹①,可以变成:求到 BC 的距离等于 h 的顶点 A 的轨迹. 很明显,点 A 的轨迹是平行于 BC 并且和 BC 的距离等于 h 的两条直线.

这样,两个轨迹的交点就是所求作的 $\triangle ABC$ 的顶点 A.

作法 (1) 作 $BC = a$.

(2) 作以 BC 为弦,所含圆周角等于 α 的弧,并且作出它的所在圆 O.

(3) 作线段 h,使 $h = \frac{k^2}{2r}$.

(4) 作直线 MN,使 MN 平行于 BC,并且和 BC 的距离等于 h. 设 MN 和弧交于点 A.

(5) 连 AB,AC,$\triangle ABC$ 就是所求作的三角形.

证明 这里,$BC = a$,$\angle BAC = \alpha$.

作 $AD \perp BC$,设 D 是垂足. 那么
$$AD = h$$
由于
$$h = \frac{k^2}{2r}$$
则有

———————

① 适合于这个条件的点的轨迹,是解析几何中所研究的卡西尼卵形线.

轨　迹

$$2r \cdot h = k^2$$

又因为

$$\triangle ABG \backsim \triangle ADC$$

所以

$$AB \cdot AC = 2r \cdot h$$

于是,得

$$AB \cdot AC = k^2$$

所以,△ABC 是所求作的三角形.

讨论:作 BC 的垂直平分线 l,设 l 交 BC 于点 E,交弓形弧于点 F. 那么:

当 $h \leqslant EF$ 时,本题有一解;

当 $h > EF$,本题无解.

其中

$$EF = \frac{a}{2} \cot \frac{\alpha}{2}$$

$$h = \frac{k^2}{2r} = \frac{k^2 \sin \alpha}{a}$$

【例42】 从圆 O 外一点 A 作圆的割线 ADE,使两割点到直线 AO 的距离的和等于定长线段 l.

已知:圆 O 和圆外一点 A,定长线段 l.(如图 2.52)

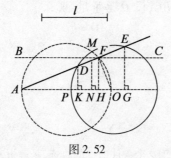

图 2.52

求作:经过点 A 作圆 O 的割线 ADE,使两割点 D,

E 到直线 AO 的距离 DK 与 EG 的和等于 l.

分析 设割线 ADE 是所求作的割线. 经过点 D,E 分别作 DK,EG 垂直于 AO,设 K,G 是垂足. 那么
$$DK+EG=l$$
而 $DKGE$ 是一个梯形,它的两底 DK 与 EG 的和等于定长线段 l. 设 FH 是梯形 $DKGE$ 的中位线,那么
$$FH=\frac{1}{2}l, FH\perp AO$$
连 OF. 因为 F 是 DE 的中点,所以
$$OF\perp DE$$
进而可和
$$\angle OFA=90°$$
而 O,A 都是定点. 这就是说,点 F 到定直线 AO 的距离等于 $\frac{1}{2}l$,并且它对线段 OA 所张的角等于直角.

作法 以 OA 为直径作圆 P. 再作 AO 的平行线 BC,并且使 BC 和 OA 的距离等于 $\frac{1}{2}l$,设 BC 和圆 P 在圆 O 内交于点 F. 连 AF. 设 AF 交圆 O 于点 D,E. 那么,ADE 就是所求作的割线.

证明 点 F 在圆 O 内,所以 AF 是圆 O 的割线. 设 AF 和圆 O 交于点 D,E.

连 OF. 因为点 F 在以 OA 为直径的圆上,所以
$$\angle OFA=90°$$
从而,得
$$OF\perp AF$$
所以点 F 是 DE 的中点.

经过 D,F,E 三点分别作 OA 的垂线 DK,FH,EG,K,H,G 是三个垂足. 则

轨　　迹

$$DK // FH // EG$$

所以 $DKGE$ 是一个梯形,并且 DK, EG 是它的两个底. 所以

$$DK + EG = 2FH$$

又因为

$$FH = \frac{1}{2}l$$

所以

$$DK + EG = l$$

所以,割线 ADE 是所求作的割线.

讨论:设圆 O 和圆 P 交于点 M. 经过点 M 作 MN 垂直于 OA,设 N 是垂足.

设圆 O 的半径等于 r. 那么

$$MA = \sqrt{OA^2 - r^2}$$

而

$$MN \cdot OA = AM \cdot MO$$

则有

$$MN = \frac{AM \cdot MO}{OA} = \frac{r\sqrt{OA^2 - r^2}}{OA}$$

容易看到:当 $\dfrac{r\sqrt{OA^2 - r^2}}{OA} > \dfrac{1}{2}l$ 时,本题有两解;

当 $\dfrac{r\sqrt{OA^2 - r^2}}{OA} \leq \dfrac{1}{2}l$ 时,本题无解.

2.2　用解析法探求点的轨迹

(1) 轨迹和方程

在第一个单元"轨迹的基本知识"中已经讲过,如

第 2 章　点的轨迹的探求

果适合于某条件的点的轨迹是某图形,那么必须满足两点:

第一,适合于某条件的任意点在某图形上;

第二,某图形上任意点适合于某条件.

如果第一点成立,那么,"点适合于某条件"就是"点在某图形上"的充分条件;如果第二点成立,那么,"点适合于某条件"就是"点在某图形上"的必要条件;如果这两点都成立,那么,"点适合于某条件就是点在某图形上"的充分必要条件.

由此可见,如果适合于某条件的点的轨迹是某图形,那么"点适合于某条件"必须是"点在某图形上"的充分必要条件.

求适合于某条件的点的轨迹问题,就是已经知道点在轨迹(图形)上的充分必要条件,求这个轨迹(图形)的问题.

如果在平面上建立了坐标系,那么平面上的点的位置就可以用它的坐标来确定. 这样,"点在轨迹上"的充分必要条件可以用和它等价的代数条件来代替,从而可以得到"点在轨迹上"的充分必要条件的解析表达式. 这个表达式通常是含有两个变量的方程.

例如:点 P 在线段 AB 的垂直平分线上的充分必要条件是

$$|PA| = |PB|$$

如果以 AB 所在的直线为 x 轴,以 AB 的垂直平分线为 y 轴,建立直角坐标系(如图 2.53).

轨　　迹

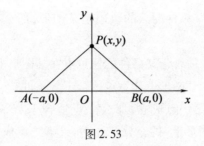

图 2.53

设 $AB = 2a$. 那么点 A 的坐标是 $(-a, 0)$, 点 B 的坐标是 $(a, 0)$.

设动点 P 的坐标是 (x, y). 因为点 P 在线段 AB 的垂直平分线上的充分必要条件是
$$|PA| = |PB|$$
把上面这个条件用和它等价的代数条件来代替, 得方程
$$\sqrt{(x+a)^2 + y^2} = \sqrt{(x-a)^2 + y^2} \qquad (1)$$

方程(1)就是点在线段的垂直平分线上的充分必要条件的解析表达式.

我们把点在轨迹上的充分必要条件的解析表达式叫做轨迹的方程.

方程(1)是线段 AB 的垂直平分线的方程.

在平面上适合一定条件的点的轨迹通常是曲线(包括直线), 因此, 习惯上又把轨迹的方程称为曲线的方程, 而把这曲线称为这方程的图形.

我们已经知道, 点在轨迹(通常是曲线)上的充分必要条件必须满足两点: 一是, 适合于条件的点在轨迹上; 二是, 在轨迹上的点适合于条件. 所以点在轨迹上的充分必要条件的解析表达式(方程)就必须满足下面两点:

第 2 章　点的轨迹的探求

第一,坐标适合于方程的点在轨迹上;

第二,轨迹上的点的坐标适合于方程.

因此,所谓某轨迹的方程,它的意思是:第一,坐标适合于这个方程的点,一定在某轨迹上;第二,某轨迹上的任意点,它的坐标一定适合于这个方程.

由此可知,只有在满足了以上两点的情形下,我们才可以下"某方程是所求的轨迹的方程"这个断语.

(2) 求点的轨迹

上面已经讲过,求适合于某条件的点的轨迹是某图形的问题,实际上是,已经知道点在轨迹上的充分必要条件,求这轨迹(图形)的问题. 如果在平面上建立了坐标系,那么点在轨迹上的充分必要条件可以用和它等价的代数条件来代替,这样,上面所说的问题就转化为已经知道轨迹的方程,找出这个方程的图形的问题.

从解析几何学可以知道,在平面直角坐标系中一次方程

$$Ax + By + C = 0$$

的图形是一条直线;方程

$$(x-a)^2 + (y-b)^2 = r^2$$

的图形是以 (a,b) 为圆心,r 为半径的圆.

由此可知,要探求适合于某条件的点的轨迹是什么图形,可以先建立平面直角坐标系,再根据点在轨迹上的充分必要条件导出轨迹的方程. 如果得出的轨迹的方程是含有变量 x 和 y 的一次方程,那么所求的轨迹是一条直线;如果得出的轨迹的方程是含有变量 x 和 y 的二次方程,并且 x^2 和 y^2 的系数相等,而 xy 项的系数等于零,那么所求的轨迹是圆(在特殊情形下是

轨　　迹

点圆或虚圆).

【例 43】　求平面上到两定点 A, B 距离的平方和是定值 k^2 的点 M 的轨迹.

解　以两定点 A, B 所在的直线为 x 轴,以线段 AB 的垂直平分线为 y 轴,建立平面直角坐标系(如图2.54).

设 $|AB| = a$. 那么定点 A, B 的坐标分别是:
$\left(-\dfrac{a}{2}, 0\right), \left(\dfrac{a}{2}, 0\right)$.

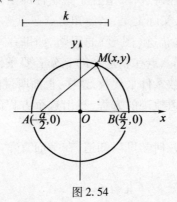

图 2.54

设动点 M 的坐标是 (x, y). 那么,动点 M 在轨迹上的充分必要条件是

$|MA|^2 + |MB|^2 = k^2$　（k^2 是定值）

把这个轨迹条件用解析式来表示,得

$$\left(\sqrt{\left(x+\dfrac{a}{2}\right)^2 + y^2}\right)^2 + \left(\sqrt{\left(x-\dfrac{a}{2}\right)^2 + y^2}\right)^2 = k^2$$

化简后,得

$$x^2 + y^2 = \dfrac{1}{4}(2k^2 - a^2)$$

这个方程就是所求的轨迹的方程. 可以知道,它的

图形是以 O 为圆心,半径的长等于 $\frac{1}{2}\sqrt{2k^2-a^2}$ 的圆.

所以,所求的轨迹是以 O 为圆心,半径的长等于 $\frac{1}{2}\sqrt{2k^2-a^2}$ 的圆. 这个圆称为两定点 A,B 的定和幂圆.

【例 44】 求平面上到两定点 A,B 的距离的平方差等于定值 k^2 的点 M 的轨迹.

解 以两定点 A,B 所在的直线为 x 轴,以线段 AB 的中点 O 为坐标原点,建立平面直角坐标系(如图 2.55).

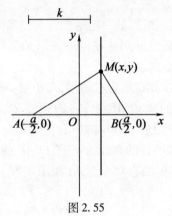

图 2.55

设 $|AB|=a$. 那么,定点 A,B 的坐标分别是: $\left(-\frac{a}{2},0\right),\left(\frac{a}{2},0\right)$.

设动点 M 的坐标是 (x,y). 那么,动点 M 在轨迹上的充分必要条件是

$$|MA|^2-|MB|^2=k^2$$

把这个轨迹条件用解析式来表示,得

轨　　迹

$$\left(\sqrt{\left(x+\frac{a}{2}\right)^2+y^2}\right)^2-\left(\sqrt{\left(x-\frac{a}{2}\right)^2+y^2}\right)^2=k^2$$

化简后,得

$$x=\frac{k^2}{2a}$$

这个方程就是所求的轨迹的方程.可以知道,它的图形是经过点$\left(\frac{k^2}{2a},0\right)$,并且垂直于$x$轴的一条直线.

所以,所求的轨迹是经过点$\left(\frac{k^2}{2a},0\right)$,并且垂直于$x$轴的一条直线.这条直线就是两定点$A,B$的定差幂线.

【例45】　矩形的一边落在定三角形的底边上,它的另外两个端点分别落在定三角形的其他两边上,求这矩形的中心的轨迹.

解　设△ABC是定三角形,又矩形$DEFG$的边EF落在△ABC的底边AB上,它的顶点D,G分别落在AC,BC上.设矩形$DEFG$的中心是点P.

以AB的所在的直线为x轴,以AB的中点O为坐标原点,建立平面直角坐标系(如图2.56).

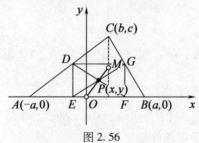

图2.56

设$|AB|=2a$.那么定点A,B的坐标分别是:$(-a,0),(a,0)$.又设点C的坐标为(b,c),则:

第 2 章 点的轨迹的探求

直线 AC 的方程是: $y = \dfrac{c}{a+b}x + \dfrac{ac}{a+b}$;

直线 BC 的方程是: $y = \dfrac{c}{b-a}x - \dfrac{ac}{b-a}$.

设直线 DG 的方程是: $y = k (0 < k < c)$.

由此可得:

点 D 的坐标是: $\left(-a + \dfrac{(a+b)k}{c}, k \right)$;

点 E 的坐标是: $\left(-a + \dfrac{(a+b)k}{c}, 0 \right)$;

点 G 的坐标是: $\left(a + \dfrac{(b-a)k}{c}, k \right)$.

根据题意,可知,点 P 是 EG 的中点. 所以点 P 的坐标是

$$\begin{cases} x = \dfrac{bk}{c} & (1) \\ y = \dfrac{k}{2} & (2) \end{cases}$$

由式(1)和(2),得
$$cx - 2by = 0$$

又由于
$$0 < k < c$$

则有
$$0 < y < \dfrac{c}{2}$$

所以,所求的轨迹的方程是

$$cx - 2by = 0 \quad \left(0 < y < \dfrac{c}{2} \right)$$

这个方程的图形是以点 $O(0,0)$ 和 $M\left(b, \dfrac{c}{2} \right)$ 为端

轨 迹

点的线段.

所以点 P 的轨迹是以点 $O(0,0)$ 和 $M\left(b,\dfrac{c}{2}\right)$ 为端点的线段. 两点 O,M 是轨迹的极限点.

【例 46】 求到定点的距离的平方与到定直线的距离成正比的点的轨迹.

解 设 A 是定点,l 是定直线,AO 是垂直于 l 的直线,O 是垂足. 以点 O 为坐标原点,以直线 OA 为 x 轴,建立平面直角坐标系(如图 2.57).

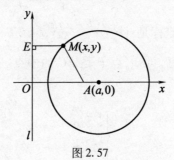

图 2.57

设 $OA = a$. 那么点 A 的坐标是 $(a,0)$.

设动点 M 的坐标是 (x,y). 那么 M 到直线 l(y 轴)的距离是 $|x|$.

根据题意,可以知道,点 $M(x,y)$ 在轨迹上的充分必要条件是

$$\dfrac{|MA|^2}{|ME|} = c \quad (\text{常数})$$

把这个轨迹条件用解析式来表示,得

$$\dfrac{(x-a)^2 + y^2}{|x|} = c$$

当 $x > 0$ 时,这个轨迹的方程是

$$(x-a)^2 + y^2 = cx$$

第 2 章 点的轨迹的探求

就是
$$\left(x-a-\frac{c}{2}\right)^2+y^2=\frac{c^2}{4}+ac$$

当 $x<0$ 时,这个轨迹的方程是
$$(x-a)^2+y^2=-cx$$

就是
$$\left(x-a+\frac{c}{2}\right)^2+y^2=\frac{c^2}{4}-ac$$

由此可知,当 $c>4a$ 时,所求的轨迹是两个圆,它们位于定直线的两旁.

当 $c=4a$ 时,所求的轨迹是一个圆和一点 $(-a,0)$.

当 $c<4a$ 时,所求的轨迹是一个圆,如图 2.57.

注 为了节省篇幅,有些图形省略了.

有时,为了方便起见,也可以建立极坐标系,然后根据点在轨迹上的充分必要条件导出轨迹的极坐标方程,再根据轨迹的极坐标方程来判定它的图形.

【例 47】 求到两定点的距离的比是定值 $k(k>0)$ 的点的轨迹.

解 设 O,A 是两个定点. 以定点 O 为极点,以 OA 所在的直线为极轴,建立极坐标系(如图 2.58).

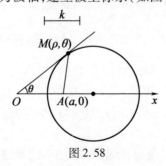

图 2.58

轨　　迹

设$|OA|=a$. 那么点A的极坐标是$(a,0)$.

设动点M的极坐标是(ρ,θ). 那么动点M在轨迹上的充分必要条件是

$$\frac{|MA|}{|MO|}=k \quad (k>0)$$

把这个轨迹条件用解析式来表示,得

$$\sqrt{\rho^2+a^2-2a\rho\cos\theta}=k|\rho|$$

化简后得到

$$\rho^2(1-k^2)+a^2-2a\rho\cos\theta=0$$

这个方程就是轨迹的极坐标方程.

当$k=1$时,所求的轨迹的方程是

$$a^2-2a\rho\cos\theta=0$$

就是

$$\rho=\frac{a}{2\cos\theta}$$

把这个极坐标方程化成直角坐标方程,就是

$$x=\frac{a}{2}$$

这个方程的图形是OA的垂直平分线.(图形从略)

当$k\neq 1$时,所求的轨迹是,以$\left(\dfrac{a}{1+k},0\right)$和$\left(\dfrac{a}{1-k},0\right)$为直径的端点的圆. 这就是阿波罗尼斯圆.

【例48】 经过已知点O任意作一条直线和已知直线AB相交于点P_1,在直线OP_1上取点P,使$|OP_1|\cdot|OP|=k^2$,并且OP和OP_1同向,求点P的轨迹.

解 以定点O为极点,以AB的垂线OQ为极轴

Ox,建立极坐标系(如图 2.59).

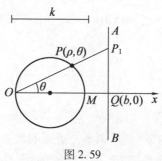

图 2.59

设垂足 Q 的坐标是 $(b,0)$,动点 P 的坐标是 (ρ,θ). 那么,动点 P 在轨迹上的充分必要条件是
$$|OP| \cdot |OP_1| = k^2 \quad (k^2 \text{ 是定值})$$
把这个轨迹条件用解析式来表示,得
$$\rho \cdot \frac{b}{\cos\theta} = k^2$$
就是
$$\rho = \frac{k^2 \cos\theta}{b}$$

这个方程就是轨迹的极坐标方程. 它的图形是以点 O 和 $M\left(\dfrac{k^2}{b},0\right)$ 为直径的端点的圆.

上面举例说明了怎样用解析法来探求点的轨迹,而这些轨迹只限于直线、线段、圆和圆弧等. 其实,用解析法还可以比较方便地解一些轨迹是其他曲线的轨迹问题.

【例 49】 设动圆经过一个定点,并且切于一条定直线,求动圆的圆心的轨迹.

解 以定直线 l 为 x 轴,以经过定点 A 并且垂直于定直线 l 的直线为 y 轴,建立平面直角坐标系(如图 2.60).

轨　　迹

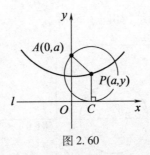

图 2.60

设点 A 的坐标是 $(0,a)$,动圆的圆心 P 的坐标是 (x,y).经过点 P 作 PC 垂直于 x 轴,设 C 是垂足,那么点 P 在轨迹上的充分必要条件是
$$|PA| = |PC|$$
把这个轨迹条件用解析式来表示,得
$$\sqrt{x^2 + (y-a)^2} = |y|$$
化简后得到
$$x^2 = 2ay - a^2$$

这个方程就是所求的轨迹的方程.它的图形是以 OA 的中点为顶点的抛物线.

【例 50】　设定长线段 AB,它的两个端点 A,B 分别在定直角的两边上滑动.P 是 AB 上的一个定点.求点 P 的轨迹.

解　以定直角的两边的所在直线分别为 x 轴、y 轴,建立平面直角坐标系(如图 2.61).

设 $|AB| = l, |AP| = m, |PB| = n$.不妨设 $n > m$.那么
$$m + n = l$$
又设点 A 的坐标是 $(t,0)$ $(0 \leqslant t \leqslant l)$.那么点 B 的坐标是 $(0, \sqrt{l^2 - t^2})$.

设动点 P 的坐标是 (x,y).那么

第 2 章 点的轨迹的探求

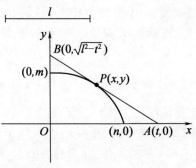

图 2.61

$$\begin{cases} x = \dfrac{t + \dfrac{m}{n}\cdot 0}{1+\dfrac{m}{n}} = \dfrac{nt}{m+n} \\ y = \dfrac{0 + \dfrac{m}{n}\sqrt{l^2-t^2}}{1+\dfrac{m}{n}} = \dfrac{m\sqrt{l^2-t^2}}{m+n} \end{cases}$$

就是

$$\begin{cases} \dfrac{x}{n} = \dfrac{t}{l} & (1) \\ \dfrac{y}{m} = \dfrac{\sqrt{l^2-t^2}}{l} & (2) \end{cases}$$

$(1)^2 + (2)^2$,得

$$\frac{x^2}{n^2} + \frac{y^2}{m^2} = 1$$

由于 $0 \leqslant t \leqslant l$,则 $0 \leqslant x \leqslant n, 0 \leqslant y \leqslant m$.
所以,所求的轨迹的方程是

$$\frac{x^2}{n^2} + \frac{y^2}{m^2} = 1 \quad (0 \leqslant x \leqslant n, 0 \leqslant y \leqslant m)$$

这个方程的图形是一个椭圆在定直角内的部分.

轨　迹

这个椭圆是以坐标原点 O 为中心,长轴在 x 轴上,短轴在 y 轴上,长轴的长是 $2n$,短轴的长是 $2m$,如图 2.61 所示.

当 $\frac{m}{n}=1$ 时,轨迹是以点 O 为圆心,以 n 为半径的圆夹在定直角内的一个弧.(图形从略)

【例 51】　设点 O 是圆 $A(r)$ 上的一个定点,点 Q 是圆 $A(r)$ 上的一个动点.在直线 OQ 上取点 P,使 $QP=2r$. 求点 P 的轨迹.

解　以点 O 为极点,以 OA 的所在射线为极轴,建立极坐标系(如图 2.62).

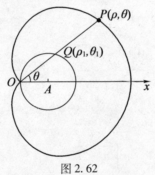

图 2.62

设动点 P 的坐标是 (ρ,θ),动点 Q 的坐标是 (ρ_1,θ_1).那么
$$\rho=\rho_1+2r, \theta=\theta_1$$
因为点 Q 在圆 A 上,所以
$$\rho_1=2r\cos\theta_1$$
进而
$$\rho=2r(1+\cos\theta)$$

这个方程就是所求的轨迹的极坐标方程.它的图形是心脏线.

第 2 章 点的轨迹的探求

从上面这些例子可以看到,用解析法探求点的轨迹,一般来说,是比较方便的,主要问题在于怎样导出所求的轨迹的方程. 求轨迹的方程的一般步骤大致如下:

(ⅰ)建立适当的坐标系,把已知条件用代数语言表达出来;

(ⅱ)写出动点 $M(x,y)$(如果选取极坐标系,那么点 M 的极坐标是(ρ,θ))在轨迹上的充分必要条件;

(ⅲ)把上面这个轨迹条件用含有流动坐标 x,y(或 ρ,θ)的解析式来表示,一般地就可以得到所求的轨迹的方程;

(ⅳ)对所得的方程进行必要的化简,以便于讨论研究. 在化简方程时,必须注意方程的同解性,要使化简后的方程也是所求的轨迹的方程.

这里,还必须说明以下几点:

第一,根据轨迹条件,如果能够看出所求的轨迹是关于某点(或某直线)成中心对称(或轴对称),那么就选取它为对称中心(或对称轴)作为坐标原点(或坐标轴),这样可以使所求得的轨迹方程比较简单. 另外,如遇到通过建立直角坐标系来解题有困难,那就考虑改用极坐标系.

第二,列解析式时必须注意轨迹条件的完整性,也就是必须使列出的条件是点在轨迹上的充分必要条件. 同时,还必须注意怎样才便于用解析式把条件准确地表示出来. 也只有把条件确切无误地表示出来,才能使所得的方程是所求的轨迹的方程.

第三,方程化简的过程必须是同解变形的过程,这样化简后得到的方程就是所求的轨迹的方程. 如果在化简的过程中有可能会破坏方程的同解性,那就应当

轨　　迹

对变元的取值范围加以限制或者补充,以免所求得的轨迹有瑕(不纯粹)或者残缺(不完备).

下面再看两个比较复杂的求轨迹方程的例子,包括怎样适当地选取坐标系,怎样化简方程等.

【例 52】　点 M 在定线段 AB 所在直线上的射影是点 N,并且 $\dfrac{|MA|^2}{|MB|^2} = \dfrac{|NA|}{|NB|}$,求点 M 的轨迹.

解　以线段 AB 的中点 O 为坐标原点,以 AB 所在的直线为 x 轴,建立直角坐标系(如图 2.63).

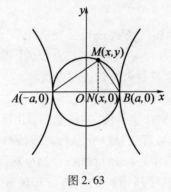

图 2.63

设定线段的两个端点 A,B 的坐标分别是 $(-a,0),(a,0)$,动点 M 的坐标是 (x,y).那么动点 N 的坐标是 $(x,0)$,动点 M 在轨迹上的充分必要条件是

$$\dfrac{|MA|^2}{|MB|^2} = \dfrac{|NA|}{|NB|}$$

把这个轨迹条件用解析式来表示,得

$$\dfrac{(x+a)^2 + y^2}{(x-a)^2 + y^2} = \dfrac{|x+a|}{|x-a|} \tag{1}$$

这个方程就是所求的轨迹的方程.

当 $-a \leqslant x \leqslant a$ 时,方程(1)就变形为

第2章 点的轨迹的探求

$$\frac{(x+a)^2+y^2}{(x-a)^2+y^2}=\frac{x+a}{a-x}$$

化简后得到

$$x=0 \text{ 或者 } x^2+y^2=a^2$$

当$|x|>a$时,方程(1)就变形为

$$\frac{(x+a)^2+y^2}{(x-a)^2+y^2}=\frac{x+a}{x-a}$$

化简后得到

$$x^2-y^2=a^2$$

因此,所求的轨迹是由直线$x=0$,圆$x^2+y^2=a^2$和等轴双曲线$x^2-y^2=a^2$构成的合成轨迹.

上面这个例题如采用综合法来解,往往会由于考虑欠周而得出不完备的轨迹. 还必须指出,这里点$B(a,0)$是轨迹的极限点,我们却把它和点$A(-a,0)$一样列入轨迹之中. 以后如果遇到一个轨迹方程经过化简而增加了这样的解,这时,我们仍把这个化简过程看做是同解变形的过程.

【例53】 求到定点和定直线的距离的和等于定长$a(a>0)$的点的轨迹.

解 以定点O为坐标原点,以经过定点O并且和定直线l平行的直线为x轴,建立平面直角坐标系(如图2.64).

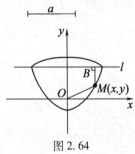

图2.64

轨 迹

设定直线 l 的方程是
$$y = b \quad (a > b > 0)$$
(很明显,在 $a = b$ 并且 $b \geq 0$ 的情形下,轨迹是一条线段,就不详细讨论了.)

设动点 M 的坐标是 (x, y). 那么动点 M 在轨迹上的充分必要条件是
$$|MO| + |MB| = a$$
这里,$|MB|$ 是动点 M 到定直线 l 的距离.

把上面这个轨迹条件用解析式来表示,得
$$\sqrt{x^2 + y^2} + |y - b| = a \qquad (1)$$
这个方程就是所求的轨迹的方程.

当 $y \leq b$ 时,这个方程变形为
$$\sqrt{x^2 + y^2} = a - b + y \qquad (2)$$
方程(2)和混合组
$$\begin{cases} a - b + y \geq 0 \\ x^2 + y^2 = (a - b + y)^2 \end{cases}$$
同解. 也就是说,方程(2)和混合组
$$\begin{cases} y \geq -(a - b) \\ y = \dfrac{1}{2(a-b)} x^2 - \dfrac{1}{2}(a - b) \end{cases}$$
同解. 而上面这个混合组和方程
$$y = \frac{1}{2(a-b)} x^2 - \frac{1}{2}(a - b) \qquad (3)$$
同理.

当 $y > b$ 时,方程(1)就变形为
$$\sqrt{x^2 + y^2} = a + b - y \qquad (2)'$$
方程(2)′和混合组

$$\begin{cases} a+b-y \geqslant 0 \\ x^2+y^2=(a+b-y)^2 \end{cases}$$

同解. 也就是说,方程(2)′和混合组

$$\begin{cases} y \leqslant a+b \\ y = -\dfrac{1}{2(a+b)}x^2 + \dfrac{1}{2}(a+b) \end{cases}$$

同解. 而上面这个混合组和方程

$$y = -\dfrac{1}{2(a+b)}x^2 + \dfrac{1}{2}(a+b) \qquad (3)'$$

同解.

综上所述可知,所求的轨迹是由抛物线弧

$$y = \dfrac{1}{2(a-b)}x^2 - \dfrac{1}{2}(a-b) \quad (y \leqslant b)$$

和抛物线弧

$$y = -\dfrac{1}{2(a+b)}x^2 + \dfrac{1}{2}(a+b) \quad (y > b)$$

所组成的.

上面这个例题,从已知轨迹条件就不难看出,所求的轨迹是在有限的区域内. 如果在化简方程(2)的过程中忽略了方程的同解性,就会得出轨迹是两条抛物线的错误结论,这也就破坏了轨迹的纯粹性.

因此,为了保证所得的轨迹既纯粹又完备,在方程的变形过程中必须注意方程的同解性,以及函数的定义域.

关于求轨迹的方程,其内容非常丰富,如上面提到列解析式时必须注意轨迹条件的完整性. 但是,我们往往会遇到问题中所设的轨迹条件,用一个解析式不能把它直接列出来. 这时,就要考虑选取一个或者多个中间变量(参变数),以便把动点的流动坐标(x,y)和已

轨　　迹

知条件通过这些参变数互相联系起来,再消去参数,就可以得到一个直接表示 x,y 之间关系的普通方程.这一切都将在解析几何学中加以详细研究.我们这里主要介绍用解析法探求点的轨迹的基本思想.

练习 2

1. A 是定圆 O 内的一个定点,经过点 A 作圆 O 的弦 BC, M 是 BC 的中点,求点 M 的轨迹.

2. AB 是定圆 O 的一条定弦, C 是圆 O 上的一个动点.以 AB, AC 为边作平行四边形,求平行四边形的对角线交点的轨迹.

3. 在定线段 AB 上任意取一点 C,在 AB 的同旁作正三角形 $\triangle ACD$ 和 $\triangle BCE$,求 AE 和 BD 的交点的轨迹.

4. D 是定等腰三角形 $\triangle ABC$ 的底边 BC 上的任意点,经过点 D 作 BC 的垂线和 CA, BA 的所在直线分别交于点 F, E,求 EF 的中点的轨迹.

5. AOB 是定圆 O 的一条定直径, BC 是经过点 B 的一条动弦.延长 BO 到点 D,使 $CD=BC$.求 AC 和 DO 的交点 P 的轨迹.

6. 在定圆 O 内, AB 是定长的动弦,经过点 A 和 B 的两条切线交于点 P,求点 P 的轨迹.

7. 设 D 是定直角三角形 $\triangle ABC$ 的斜边 BC 上的任意点,从点 D 引直线垂直于 BC,交直线 AC, AB 分别于点 E, F,求 BE 和 CF 的交点 P 的轨迹.

8. A, B 是定圆 O 上的两个定点,从点 A, B 作两相

等的弦 AC,BD,求 AC 和 BD 的交点 P 的轨迹.

9. 动线段夹在定三角形的两边之间并且平行于第三边,求这动线段的中点的轨迹.

10. 点 P 是定三角形 $\triangle ABC$ 的 BC 边上的任意点,求 $\triangle APC$ 的内心的轨迹.

11. 设 $\overset{\frown}{AmB}$ 是以 AB 为弦的一个定弓形弧,M 是 $\overset{\frown}{AmB}$ 上的一个动点,在线段 AM 的延长线上取 $MN = MB$,求点 N 的轨迹.

12. 已知定点 A 和定直线 l 上的动点 B,在线段 AB 上取点 P,使 $AB \cdot AP = m^2$(m^2 是定值),求点 P 的轨迹.

13. 已知 AB 是定圆 O 上的一条定弦,动点 C 在圆 O 上移动,M 是弦 BC 的中点,连 AM,并且延长 AM 到点 P,使 $MP = AM$. 求点 P 的轨迹.

14. 已知定点 A 和定直线 l,动点 B 在直线 l 上移动. 引 AC,使 AC 和 AB 之间的夹角等于已知角 α,并且 $AB:AC = m:n$. 求点 C 的轨迹.

15. A 是定圆 O 上的一个定点,C 是圆 O 上的一个动点,求把 AC 分成 $m:n$ 两段的点的轨迹.

16. 设平行四边形 $ABCD$ 的周长一定,$\angle BAD$ 固定,求点 C 的轨迹.

17. OM, ON 是两条互相垂直的固定的直线. 在 $\angle MON$ 内,有一个变动的正三角形 $\triangle ABC$,它的一个顶点 A 固定在 ON 上,另一个顶点 B 在 OM 上移动,求第三个顶点 C 的轨迹.

18. 已知两个同心圆. 作各个圆的一条切线,使这两条切线的交角等于已知角 α. 求这个角的顶点的轨迹.

19. 已知 △ABC 是定三角形,矩形 EFGH 的边 FG 落在 △ABC 的底边 BC 上,顶点 E, H 分别落在 △ABC 的两边 AB, AC 上,点 O 是矩形 EFGH 的中心. 求点 O 的轨迹.

20. AB 是定圆 O 的定直径, C 是圆上的动点. 设 CD⊥AB, D 是垂足. 在 OC 上取 OM = OD. 求点 M 的轨迹.

21. 定点 A, B, C 在一条直线上,求对 AB, BC 张等角的点的轨迹.

22. 两个等积的三角形的底分别是固定的线段 AB, CD,公共顶点 P 可以任意移动,求点 P 的轨迹.

23. 动点到定圆所引的切线的长,等于这动点和一定点间的距离. 求这动点的轨迹.

24. 从圆 O 外一点 P,求作割线 PAB,使 PA + PB = 2l.

25. 已知三角形的底边、顶角和另一边上的中线,求作这三角形.

26. 从已知圆上的两个已知点,作两条平行弦,使这两弦长的和等于定长线段 l.

27. 作一个圆和已知直线相切,并且切已知圆于已知点.

28. 作一个圆和已知圆相切,并且切已知直线于已知点.

29. 已知三角形的底边、顶角和其他两边的比,作这三角形.

30. 已知三角形的一边 a 和其他两边上的高 h_b, h_c,作这三角形.

第 2 章 点的轨迹的探求

31. 已知三角形的底边、其他两边的平方和与这两边中的一边上的中线,作这三角形.

32. A,B,C,D 是一条直线上的顺次的四个点,在这直线外求一点 P,使 $\angle APB = \angle BPC = \angle CPD$.

33. 在定角 $\angle COD$ 的两边上分别作点 A,B,使 AB 等于定长线段 $2l$,并且使 $OA^2 + OB^2 = 2k^2$.

34. 设 $\triangle ABC$ 是定三角形,P 是适合于 $PA^2 = PB^2 + PC^2$ 的点,求点 P 的轨迹.

35. 求到三定点 P_1, P_2, P_3 的距离平方的和是定值的点的轨迹.

动图形的轨迹和曲线族的包络

第 3 章

在研究物体运动的轨道时,如果对物体的形状、大小可以不加考虑,那么就把物体看做是一个质点,而把这个问题抽象为数学中的点的轨迹问题来研究. 但是,当不能不考虑物体的形状、大小时,就要求我们不仅研究点的轨迹,还要研究动图形(如动直线、动圆等)的轨迹. 下面就从比较简单的问题开始,先研究动直线的轨迹.

3.1 直线的轨迹的意义

一条直线和一个点一样,也是由两个条件决定的. 如果已知一个条件而要求适合这个条件的直线,这时得到的就不是一条,而是无数条直线. 例如,求平面上和定点 O 的距离等于定长线段 m 的直线. 这时,可以从点 O 任意作一条射线 OA(如图 3.1),再在 OA 上取 OM 等于 m,经过点 M 作直线 l 垂直于 OA,那么直线 l 就是

第3章 动图形的轨迹和曲线族的包络

和定点 O 距离等于定长线段 m 的一条直线.

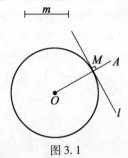

图 3.1

很明显,从点 O 可以作无数条像 OA 这样的射线. 因此,到定点 O 的距离等于定长线段 m 的像 M 这样的点就有无数个,这些点组成的点集就是点 M 的轨迹. 这个轨迹就是以点 O 为圆心,m 为半径的圆. 而到定点 O 的距离等于 m 的直线,都是圆 O 的切线.

由此可知,所有适合条件(到定点 O 的距离等于定长线段 m)的直线都是圆 O 的切线. 反之,圆 O 的任意一条切线,它到圆心 O 的距离等于定长线段 m. 这就是说:所有适合条件(距离定点 O 等于定长线段 m)的直线一定是圆 O(以 m 为半径)的切线;圆 O 的所有切线一定适合条件.

我们把这样的圆 O 叫做到定点 O 距离等于定长线段 m 的直线的轨迹.

一般地说,如果一条曲线具有下列两个条件:

(1)经过曲线上任意点的这曲线的切线都适合某个条件;

(2)适合某个条件的直线都是这曲线的切线.

那么,就把这曲线叫做适合某个条件的直线的轨迹. 把直线和这曲线相切的切点叫做直线的特征点. 直线的

轨　　迹

轨迹也就是所有特征点的集合.

所有适合于某个条件的直线组成的集合叫做适合于某个条件的直线族. 适合于某个条件的直线的轨迹,又叫做适合于某个条件的直线族的包络.

在特殊情况下,这种曲线可以退化为一点. 也就是适合于某个条件的所有直线,都经过这个点.（有些直线族也可能没有包络,如平行直线族.）

根据直线的轨迹的定义,要证明一条曲线是适合于某个条件的直线的轨迹,必须证明下面两点：

第一,适合于某个条件的直线是这曲线的切线；

第二,经过这曲线上任意点的曲线的切线,适合于某个条件.

如果第一点成立,那就表明所有适合于条件的直线都是这曲线的切线. 和点的轨迹一样,这也叫做轨迹的完备性. 如果第二点成立,那就表明经过这曲线上任意点的这曲线的切线,都适合条件. 这叫做轨迹的纯粹性.

【例1】　和定圆 $O(r)$ 相交,并且被这圆截得的部分等于定长线段 m 的直线的轨迹,是以点 O 为圆心,半径的长等于 $\sqrt{r^2 - \left(\dfrac{m}{2}\right)^2}$ 的圆.

已知：定圆 $O(r)$ 和定长线段 m,割线 a 和圆 O 相交于点 A,B,$AB = m$.（如图 3.2）

求证：直线 a 的轨迹是以点 O 为圆心,半径的长等于 $\sqrt{r^2 - \left(\dfrac{m}{2}\right)^2}$ 的圆.

第 3 章 动图形的轨迹和曲线族的包络

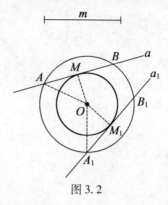

图 3.2

证明 （1）完备性：

这里,题设直线 a 和定圆 O 相交于点 A,B,并且 $AB = m$. 设 M 是 AB 的中点. 连 OM, OA. 那么

$$OM \perp a, AM = MB = \frac{m}{2}$$

由于

$$OA = r$$

所以

$$OM = \sqrt{r^2 - \left(\frac{m}{2}\right)^2}$$

所以,直线 a 是以点 O 为圆心,半径的长等于 $\sqrt{r^2 - \left(\frac{m}{2}\right)^2}$ 的圆的切线.

（2）纯粹性：

设直线 a_1 是经过圆 $O\left(\sqrt{r^2 - \left(\frac{m}{2}\right)^2}\right)$ 上的任意点 M_1 的圆 $O\left(\sqrt{r^2 - \left(\frac{m}{2}\right)^2}\right)$ 的切线.

轨　迹

而
$$\sqrt{r^2-\left(\frac{m}{2}\right)^2}<r$$

这就是说,直线 a_1 到圆 $O(r)$ 的圆心 O 的距离小于圆 $O(r)$ 的半径 r. 所以直线 a_1 和圆 $O(r)$ 一定相交. 设交点是 A_1,B_1,连 OA_1,OM_1. 那么
$$OM_1 \perp A_1B_1$$

进而
$$A_1M_1 = M_1B$$

于是
$$A_1M_1 = \sqrt{r^2-OM_1^2} = \sqrt{r^2-\left[r^2-\left(\frac{m}{2}\right)\right]} = \frac{m}{2}$$

从而
$$A_1B_1 = m$$

所以,直线 a_1 适合条件.

由此可知,经过圆 $O\left(\sqrt{r^2-\left(\frac{m}{2}\right)^2}\right)$ 上的任意点的切线和圆 $O(r)$ 相交,并且被圆 O 截得的弦等于定长线段 m.

结论:由(1),(2)可以得到,直线 a 的轨迹是以点 O 为圆心,半径的长等于 $\sqrt{r^2-\left(\frac{m}{2}\right)^2}$ 的圆.

【例2】 设两定点 A,B 在直线 a 的两旁. 如果直线 a 和两定点 A,B 两点之间的距离相等,那么直线 a 的轨迹是 AB 的中点.

已知:两定点 A,B,直线 a 和 A,B 两点之间的距离相等,并且点 A,B 在直线 a 的两旁.(如图 3.3)

求证:直线 a 的轨迹是线段 AB 的中点.

第 3 章　动图形的轨迹和曲线族的包络

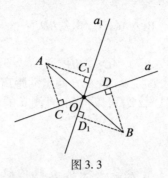

图 3.3

证明　(1)完备性：

根据题设条件可知,线段 AB 一定和直线 a 相交于一点,设交点是 O.

经过点 A,B 分别作 AC,BD 垂直于直线 a,设 C,D 是垂足. 那么
$$AC = BD$$
由于
$$\angle AOC = \angle BOD$$
则有
$$\text{Rt}\triangle ACO \cong \text{Rt}\triangle BDO$$
所以
$$AO = BO$$
这就是说,点 O 是 AB 的中点.

而点 O 是直线 a 和 AB 的交点. 所以直线 a 经过 AB 的中点 O.

(2)纯粹性：

设直线 a_1 是经过 AB 的中点 O 的任意直线(除直线 AB 以外). 那么点 A,B 在直线 a_1 的两旁.

经过点 A,B 分别作 AC,BD_1 垂直于直线 a_1,设 C_1,D_1 是垂足. 由于
$$AO = BO, \angle AOC_1 = \angle BOD_1$$
则有

轨　　迹

$$\text{Rt}\triangle AC_1O \cong \text{Rt}\triangle BD_1O$$

所以
$$AC_1 = BD_1$$

这就是说,直线 a_1 和 A,B 两点的距离相等.

结论:由(1),(2)可以得到,直线 a 的轨迹是线段 AB 的中点.

3.2　用综合法探求直线的轨迹

在初等几何学中,研究直线的轨迹,一般只研究轨迹是圆、圆弧以及轨迹退化为一点等情形. 下面我们举例来说明怎样用综合法探求直线的轨迹.

【例3】　求和定圆相交成定角①的直线的轨迹.

已知:定圆 $O(r)$,定角 $\alpha(\alpha<90°)$,直线 a 和圆 $O(r)$ 相交的交角等于 α. (如图3.4)

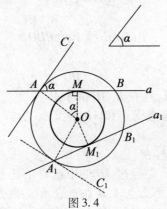

图 3.4

---

①　直线和圆的交角,是指直线与经过直线和圆的交点的圆的切线之间的夹角.

第3章 动图形的轨迹和曲线族的包络

求:直线 a 的轨迹.

探求 设直线 a 和圆 O 交于两点 A,B,AC 是经过点 A 的圆 $O(r)$ 的切线. 那么 $\angle CAB$ 是直线 a 和圆 $O(r)$ 的交角. 所以
$$\angle CAB = \alpha$$
而圆 $O(r)$ 是定圆. 所以点 O 是定点,半径 r 的长是定长.

经过点 O 作 OM 垂直于直线 a,设 M 是垂足.

连 OA. 那么 $OA \perp AC$. 于是
$$\angle CAM + \angle MAO = 90°$$
而
$$\angle MAO + \angle AOM = 90°$$
所以
$$\angle AOM = \angle CAM = \alpha$$
在直角三角形 AOM 中,有
$$OA = r, \angle AOM = \alpha$$
所以
$$OM = r\cos \alpha$$
这就是说,OM 是定长线段.

所以,直线 a 和定点 O 的距离等于定长 $r\cos \alpha$.

所以,直线 a 是以点 O 为圆心,半径的长等于 $r\cos \alpha$ 的圆的切线.

由此可知,直线 a 的轨迹可能是以点 O 为圆心,半径等于 $r\cos \alpha$ 的圆.

证明 (1)完备性:请参看探求部分,这里从略.

(2)纯粹性:

设直线 a_1 是经过圆 $O(r\cos \alpha)$ 上的任意点 M_1 的圆 $O(r\cos \alpha)$ 的切线. 连 OM_1. 那么

轨　　迹

$$OM_1 \perp a_1$$

并且

$$OM_1 = r\cos \alpha$$

因为 $r\cos \alpha < r(\alpha \neq 0)$，所以直线 a_1 和圆 $O(r)$ 一定相交，设交点是 A_1, B_1.

连 OA_1. 经过点 A_1 作圆 $O(r)$ 的切线 A_1C_1. 那么

$$\angle C_1A_1B_1 + \angle M_1A_1O = 90°$$

而

$$\angle M_1A_1O + \angle A_1OM_1 = 90°$$

则有

$$\angle C_1A_1B_1 = \angle A_1OM_1$$

又由于

$$OA_1 = r$$

则有

$$\cos \angle A_1OM_1 = \frac{OM_1}{OA_1} = \frac{r\cos \alpha}{r} = \cos \alpha$$

从而

$$\angle A_1OM_1 = \alpha$$

所以

$$\angle C_1A_1B_1 = \alpha$$

这就是说，直线 a_1 和圆 $O(r)$ 的交角等于 α.

结论：由(1),(2)可以得到，所求的直线 a 的轨迹是以点 O 为圆心，半径的长等于 $r\cos \alpha$ 的圆.

【例4】　求与两定点的距离的和，等于定长线段的直线的轨迹(设两定点在直线的同旁).

已知：两定点 A, B，定长的线段 l，直线 a 与 A, B 两点的距离的和等于定长的线段 l，并且点 A, B 在直线 a 的同旁.（如图 3.5）

第3章 动图形的轨迹和曲线族的包络

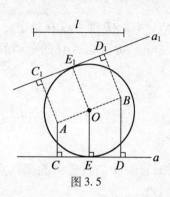

图 3.5

求：直线 a 的轨迹.

探求 这里,题设直线 a 是适合条件的直线,就是 A,B 两点在直线 a 的同旁. 经过 A,B 两点分别作直线 a 的垂线,设垂足是 C,D. 那么
$$AC + BD = l$$

现在我们来考察直线 a 是否和某定点的距离等于定长的线段.

由于 $AC \perp a, BD \perp a$,则 $AC /\!/ BD$.

所以,四边形 $ABDC$ 是梯形,并且它的两底边的和等于定长的线段 l.

因为梯形的中位线的长等于梯形两底和的一半,所以梯形 $ABCD$ 的中位线的长等于定长的线段 $\frac{1}{2}l$.

取 AB 的中点 O,并且作 OE 垂直于直线 a,设 E 是垂足. 那么
$$OE /\!/ AC /\!/ BD$$

因为 O 是 AB 的中点,所以 E 是 CD 的中点. 因而 OE 是梯形 $ABDC$ 的中位线. 所以
$$OE = \frac{1}{2}(AC + BD) = \frac{1}{2}l$$

轨　　迹

而 A,B 是定点,所以 AB 的中点 O 是定点.

这就是说,直线 a 和定点 O 的距离等于定长线段 $\frac{1}{2}l$.

所以,直线 a 是以点 O 为圆心,以 $\frac{1}{2}l$ 为半径的圆的切线.

由此可知,直线 a 的轨迹可能是以点 O 为圆心,以 $\frac{1}{2}l$ 为半径的圆或圆弧.

证明　(1)完备性:请参看探求部分,这里从略.

(2)纯粹性:

设圆 O 是以 AB 的中点 O 为圆心,以 $\frac{1}{2}l$ 为半径的圆.下面分两种情形来证明:

1)设 $AB \leq l$. 在这种情形下,当 $AB < l$ 时, A,B 两点在圆 $O\left(\frac{1}{2}l\right)$ 的内部,如图 3.5 所示. 当 $AB = l$ 时, A,B 两点在圆 $O\left(\frac{1}{2}l\right)$ 上,如图 3.6 所示. 作圆 O 的任意切线,那么 A,B 两点在切线的同旁.

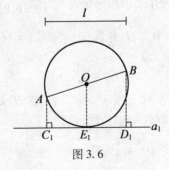

图 3.6

设直线 a_1 是经过圆 $O\left(\dfrac{1}{2}l\right)$ 上任意点 E_1 的圆 $O\left(\dfrac{1}{2}l\right)$ 的切线. 连 OE_1. 那么

$$OE_1 \perp a_1$$

并且

$$OE_1 = \dfrac{1}{2}l$$

经过点 A,B 分别作 AC_1, BD_1 垂直于直线 a_1, 设 C_1, D_1 是垂足. 那么

$$AC_1 \parallel OE_1 \parallel BD_1$$

因为 O 是 AB 的中点, 所以 E_1 是 C_1D_1 的中点.

容易看到, 四边形 ABD_1C_1 是梯形. 所以

$$OE_1 = \dfrac{1}{2}(AC_1 + BD_1)$$

又由于

$$OE_1 = \dfrac{1}{2}l$$

则有

$$AC_1 + BD_1 = l$$

所以, 直线 a_1 适合条件.

由此可知, 当 $AB \leqslant l$ 时, 直线 a 的轨迹是以 AB 的中点 O 为圆心, 以 $\dfrac{1}{2}l$ 为半径的圆.

2) 设 $AB > l$.

在这种情形下, A,B 两点一定在圆 $O\left(\dfrac{1}{2}l\right)$ 的外部, 如图 3.7 所示. 经过点 A 作圆 $O\left(\dfrac{1}{2}l\right)$ 的切线 AT,

轨　迹

AS,设 T,S 是切点. 这时,如果经过劣弧 TS 上任意点作圆 $O\left(\dfrac{1}{2}l\right)$ 的切线,那么 A,B 两点在所作切线的两旁. 显然,这是不符合题意的. 这就是说,经过劣弧 TS 上的点的圆 $O\left(\dfrac{1}{2}l\right)$ 的切线不适合条件. 同理,经过点 B 作圆 $O\left(\dfrac{1}{2}l\right)$ 的切线 BK,BH. 设 K,H 是切点. 那么,经过劣弧 KH 上的点的圆 $O\left(\dfrac{1}{2}l\right)$ 的切线也不适合条件.

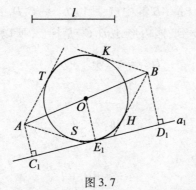

图 3.7

设直线 a_1 是经过劣弧 SH(或 TK)上的任意点 E_1 所作圆 $O\left(\dfrac{1}{2}l\right)$ 的切线. 这时,A,B 两点在直线 a_1 的同旁,连 OE_1. 那么

$$OE_1 \perp a_1$$

并且

$$OE_1 = \dfrac{1}{2}l$$

经过点 A, B 分别作 AC_1, BD_1 垂直于直线 a_1, 设 C_1, D_1 是垂足. 那么

$$AC_1 /\!/ OE_1 /\!/ BD_1$$

因为 O 是 AB 的中点, 所以 E_1 是 C_1D_1 的中点.

容易看到, 四边形 ABD_1C_1 是梯形. 所以

$$OE_1 = \frac{1}{2}(AC_1 + BD_1)$$

又由于

$$OE_1 = \frac{1}{2}l$$

所以

$$AC_1 + BD_1 = l$$

这就是说, 直线 a_1 与两定点 A, B 的距离的和等于定长线段 l.

结论: 由 1), 2) 可以得到, 直线 a 的轨迹是以线段 $AB(AB \leq l)$ 的中点 O 为圆心, 以 $\frac{1}{2}l$ 为半径的圆; 或者是以 $AB(AB > l)$ 的中点为圆心, 以 $\frac{1}{2}l$ 为半径的圆上的两个劣弧: $\overparen{TK}$ 和 $\overparen{SH}$. 这里 T, S 是经过点 A 所作圆 $O(r)$ 的切线的切点; K, H 是经过点 B 所作圆 $O(r)$ 的切线的切点.

【例 5】 已知两定点 A, B, 定圆 $O(R)$. 经过 A, B 两点作圆和圆 $O(R)$ 相交或者相切. 求两交点所决定的直线 (包括两圆相切时的内公切线) 的轨迹. (如图 3.8)

轨　　迹

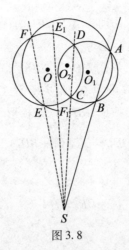

图 3.8

探求　设经过 A,B 所作的圆 $O_1(R_1)$ 和圆 $O(R)$ 相交于点 C,D. 设直线 CD 和 AB 相交于点 S.

容易知道,经过点 A,B 可以作无数个圆和圆 $O(R)$ 相交,而它们的交点所决定的直线一般都和 AB 相交.

现在来考察,这些圆和圆 O 的交点所决定的直线与 AB 的交点.

经过 A,B 两点作任意圆 $O_2(R_2)$,设圆 $O_2(R_2)$ 和圆 $O(R)$ 相交于点 E,F.

因为圆 $O_1(R_1)$ 和圆 $O_2(R_2)$ 都经过 A,B 两点,所以直线 AB 是圆 $O_1(R_1)$ 和圆 $O_2(R_2)$ 的等幂轴.

同理,CD 是圆 $O_1(R_1)$ 和圆 $O(R)$ 的交点 C,D 所决定的直线,所以直线 CD 是圆 $O_1(R_1)$ 和圆 $O(R)$ 的等幂轴;EF 是圆 $O_2(R_2)$ 和圆 $O(R)$ 的交点 E,F 所决定的直线,所以直线 EF 是圆 $O_2(R_2)$ 和圆 $O(R)$ 的等幂轴.

因为点 S 在圆 $O_1(R_1)$ 和圆 $O_2(R_2)$ 的等幂轴 AB

第3章 动图形的轨迹和曲线族的包络

上,所以
$$SO_1^2 - R_1^2 = SO_2^2 - R_2^2$$

同理,因为点 S 在圆 $O_1(R_1)$ 和圆 $O(R)$ 的等幂轴 CD 上,所以
$$SO_1^2 - R_1^2 = SO^2 - R^2$$

因此
$$SO_2^2 - R_2^2 = SO^2 - R^2$$

这就是说,点 S 到圆 $O_2(R_2)$ 的幂和它到圆 $O(R)$ 的幂相等.

所以,点 S 在圆 $O_2(R_2)$ 和圆 $O(R)$ 的等幂轴 EF 上.也就是说,直线 EF 经过点 S.

如果经过点 A,B 所作的圆 $O_2(R_2)$ 和圆 $O(R)$ 相切于点 M,那么这两个圆的内公切线 MN 是它们的等幂轴.因为点 S 到这两个圆的幂相等,所以点 S 在它们的等幂轴 MN 上.也就是说,MN 经过点 S.

综上所述可知,经过点 A,B 作圆和圆 O 相交(或相切),那么交点所决定的直线(包括相切时的内公切线)都经过点 S. 所以,所求的轨迹可能是一个点 S.

证明 (1)完备性:请参看探求部分,这里从略.

(2)纯粹性:

经过点 S 作任意直线和圆 $O(R)$ 相交于点 E_1,F_1,那么
$$SE_1 \cdot SF_1 = SC \cdot SD = SA \cdot SB$$

所以,A,B,F_1,E_1 四点共圆.

这就是说,直线 E_1F_1 是经过 A,B,F_1,E_1 四点的圆和圆 $O(R)$ 的交点 E_1,F_1 所决定的直线.

由此可知,经过点 S 并且和圆 O 相交的任意直线适合条件.

145

轨　迹

经过点 S 作圆 O 的切线,设切点是 M_1. 那么
$$SM_1^2 = SC \cdot SD = SA \cdot SB$$

所以,经过 A, B, M_1 三点的圆一定和圆 O 相切于点 M_1. 这就是说,SM_1 是圆 ABM_1 和圆 O 的内公切线.

由此可知,经过点 S 和圆 O 相切的直线适合条件.

结论:由(1),(2)可以得到,经过 A, B 两定点作圆和圆 O 相交或者相切,它们的交点所决定的直线(包括相切时的内公切线)的轨迹是一个点 S.

【例6】 △ABC 的顶角 $\angle A$ 一定,周长等于定长线段 l,求它的底边 BC 所在直线的轨迹.(如图3.9)

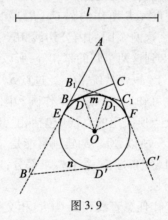

图3.9

探求　这里,题设 △ABC 的顶角 $\angle A$ 一定,它的周长等于 l.

现在来考察 △ABC 的底边 BC 是哪一个定圆的切线.

可以看到,如果作 △ABC 的对着 $\angle A$ 的傍切圆 O,设圆 O 切 BC 于点 D,切 AB 和 AC 的延长线分别于点 E 和 F. 那么

第3章 动图形的轨迹和曲线族的包络

$$AE = AF, BD = BE, CD = CF$$

所以

$$AE + AF = AB + BD + AC + CD = AB + BC + AC = l$$

从而

$$AE = AF = \frac{1}{2}l$$

又 $\angle A$ 是定角,而 AE, AF 都等于定长线段 $\frac{1}{2}l$. 所以 E, F 两点是定点. 而 OE, OF 分别垂直于 AE, AF. 所以点 O 是确定的, OE 的长也是确定的.

由此可知,适合条件的 $\triangle ABC$, 它的底边 BC 所在直线是以点 O 为圆心,以 OE 为半径的圆的切线. 又切点 D 总是在 $\overset{\frown}{EmF}$ 上. 所以 $\triangle ABC$ 的 BC 边所在直线的轨迹可能是以点 O 为圆心,以 OE 为半径的圆上的一个弧 $\overset{\frown}{EmF}$.

证明 (1)完备性:请参看探求部分,这里从略.

(2)纯粹性:

设 B_1C_1 是经过 $\overset{\frown}{EmF}$ 上任意点 D_1 的 $\overset{\frown}{EmF}$ 的切线. 设 B_1C_1 和 $\angle A$ 的两边分别交于点 B_1, C_1. 那么点 B_1 在 A, E 两点之间,点 C_1 在 A, F 两点之间. 因为圆 O 切 AE, AF, B_1C_1 分别于点 E, F, D_1, 所以

$$B_1E = B_1D_1, C_1F = C_1D_1, AE = AF$$

从而

$$\begin{aligned} AB_1 + AC_1 + B_1C_1 &= AB_1 + AC_1 + B_1D_1 + D_1C_1 \\ &= AB_1 + AC_1 + B_1E + C_1F \\ &= AE + AF = l \end{aligned}$$

由此可知,经过 $\overset{\frown}{EmF}$ 上的任意点所作 $\overset{\frown}{EmF}$ 的切线,

它和∠A 的两边分别交于点 B, C, 得到△ABC, 它的周长等于定长的线段 l.

结论:由(1),(2)可以得到,△ABC 的底边 BC 所在的直线的轨迹,是以点 O 为圆心,以 OE 为半径的圆上的一个弧 $\overset{\frown}{EmF}$.

从上面这些例子可以看到,用综合法探求直线的轨迹的一般步骤是,先设任意一条适合条件的直线,再考察这直线到某定点的距离是否等于定长线段. 如果直线到某定点的距离是等于定长线段,那么适合条件的直线就是以定点为圆心,以定长线段为半径的圆的切线. 所以,所求直线的轨迹就可能是以这定点为圆心,以定长线段为半径的圆或者圆弧,并且根据条件估计出适合条件的直线的轨迹的范围. 最后对探求的结果予以证明,从而就可以得到所求的直线的轨迹.

3.3 用解析法探求直线的轨迹

探求直线的轨迹,采用综合法虽然有比较直观的好处,但是,这时所探求的轨迹,仅限于是圆(包括一个点)或者圆弧等简单的情形. 而对于一些轨迹比较复杂的问题,就需要用解析法来解,这样才能得到圆满的结果. 下面我们来研究怎样用解析法探求直线的轨迹.

我们已经知道,动直线和它的轨迹(曲线)相切所得到的切点叫做这条直线的特征点. 因而动直线的轨迹实际上就是动直线的特征点的轨迹. 因此,在探求直线的轨迹时,只要设法找出动直线的特征点必须适合的条件,根据这个条件就可以求出动直线的特征点的

轨迹来.这个轨迹也就是所求的动直线的轨迹.

那么,怎样才能求出动直线的特征点呢?

设曲线 E 是动直线的轨迹,直线 l_t 和 $l_{t'}$ 是曲线 E 上的任意两条切线(也就是 l_t 和 $l_{t'}$ 是适合条件的直线族中的任意两条直线).设 l_t 和 $l_{t'}$ 相交于点 S,它们和曲线 E 的切点分别是 P_t 和 $P_{t'}$(如图 3.10).显然,P_t 和 $P_{t'}$ 是两个特征点.

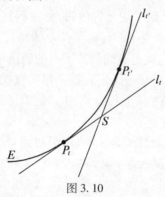

图 3.10

可以看到,当直线 $l_{t'}$ 无限趋近于直线 l_t 时,特征点 $P_{t'}$ 就随着无限地趋近点 P_t,而点 S 也就随着无限地趋近点 P_t.

由此可知,要求动直线 l_t 的特征点 P_t,可以取这个直线族中的另一条直线 $l_{t'}$,再求出直线 l_t 和 $l_{t'}$ 的交点 S,然后使直线 $l_{t'}$ 无限地趋近于直线 l_t,这时,直线 l_t 和 $l_{t'}$ 的交点 S 就无限地趋近直线 l_t 的特征点.

在平面上建立了直角坐标系后,适合于某条件的直线族可以用含有参数的一元二次方程

$$A(t)x + B(t)y + C(t) = 0$$

来表示.其中 $A(t)$,$B(t)$ 不同时等于零.而且,当参数 t 取不同的值时,就得到直线族中不同位置的直线.容易

知道,要求直线族中任意直线 l_t 的特征点时,可以取直线族中的另一条直线 $l_{t'}$,再求出直线 l_t 和 $l_{t'}$ 的交点的坐标(就是直线 l_t 的方程和直线 $l_{t'}$ 的方程的公共解),然后使 $l_{t'}$ 无限趋近于 l_t(就是直线 $l_{t'}$ 的方程中的参数 t' 无限趋近于参数 t),这时,交点 S 的坐标就是直线 l_t 的特征点的坐标. 而直线 l_t 是直线族中的任意一条直线,所以当 t 取不同值时,就得到不同直线的特征点的坐标;当 t 取一切允许值时,就得到直线族中所有直线的特征点的坐标. 因而直线 l_t 的特征点的坐标所组成的方程组,就是直线的特征点的轨迹的参数方程.

【例7】 已知一条定直线 l 和在直线 l 外的一个定点 P,求定直线 l 上任意点 Q 和定点 P 联结线段的中垂线的轨迹.

解 以定直线 l 为 x 轴,以经过定点 P 并且和定直线 l 垂直的直线为 y 轴,建立平面直角坐标系(如图3.11).

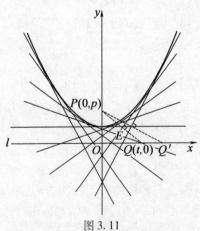

图 3.11

设定点 P 的坐标是 $(0,p)$,这里 p 是非零常数;定

第3章 动图形的轨迹和曲线族的包络

直线 l 上的任意点 Q 的坐标是 $(t,0)$，t 可以取一切实数. 那么线段 PQ 的中点 E 的坐标是 $\left(\dfrac{t}{2},\dfrac{p}{2}\right)$，$PQ$ 的斜率是 $-\dfrac{p}{t}$. 所以 PQ 的中垂线的方程是

$$y - \frac{p}{2} = \frac{t}{p}\left(x - \frac{t}{2}\right)$$

就是

$$2tx - 2py + p^2 - t^2 = 0 \qquad (\text{I})$$

方程（I）就是适合条件的直线族的方程. 其中 t 是参数.

从这直线族中取任意两条直线 l_{t_0} 和 $l_{t_0'}$，即

$$l_{t_0}: 2t_0 x - 2py + p^2 - t_0^2 = 0$$
$$l_{t_0'}: 2t_0' x - 2py + p^2 - t_0'^2 = 0$$

不妨设 $t_0' = t_0 + \Delta t$（这里，$\Delta t = t_0' - t_0 \neq 0$）. 那么这两条直线的交点的坐标由方程组

$$\begin{cases} 2t_0 x - 2py + p^2 - t_0^2 = 0 & (1) \\ 2(t_0 + \Delta t)x - 2py + p^2 - (t_0 + \Delta t)^2 = 0 & (2) \end{cases}$$

所确定.

由 $(2)-(1)$，得

$$2\Delta t x - 2t_0 \Delta t - (\Delta t)^2 = 0$$

两边同除以 $\Delta t (\Delta t \neq 0)$，得

$$2x - 2t_0 - \Delta t = 0$$

就是

$$2x = 2t_0 + \Delta t \qquad (3)$$

代入式（1），得

$$t_0(2t_0 + \Delta t) - 2py + p^2 - t_0^2 = 0$$

所以

$$y = \frac{p}{2} + \frac{t_0^2}{2p} + \frac{t_0 \Delta t}{2p}$$

轨　迹

所以，直线 l_{t_0} 和 $l_{t_0'}$ 的交点的坐标是

$$\begin{cases} x = t_0 + \dfrac{1}{2}\Delta t \\ y = \dfrac{p}{2} + \dfrac{t_0^2}{2p} + \dfrac{t_0 \Delta t}{2p} \end{cases}$$

当 $\Delta t \to 0$（即 $t_0' \to t_0$），也就是直线 $l_{t_0'}$ 无限地趋近于直线 l_{t_0} 时，它们的交点的坐标就是

$$\begin{cases} x = t_0 \\ y = \dfrac{p}{2} + \dfrac{t_0^2}{2p} \end{cases} \tag{3}'$$

这就是直线 l_{t_0} 的特征点的坐标.

当 t_0 取一切实数值（就是把 t_0 改记为 t）时，就得到动直线的特征点的轨迹的参数方程

$$\begin{cases} x = t \\ y = \dfrac{p}{2} + \dfrac{t^2}{2p} \end{cases} \tag{Ⅱ}$$

这个方程就是动直线的轨迹的参数方程.

消去方程（Ⅱ）中的参数 t，得到方程

$$x^2 = 2p\left(y - \dfrac{p}{2}\right)$$

很明显，这是一条抛物线.

由此可以得到，定直线 l 上任意点 Q 和定直线 l 外的定点 P 的联结线段 PQ 的中垂线的轨迹，是一条抛物线，它的方程是

$$x^2 = 2p\left(y - \dfrac{p}{2}\right)$$

下面我们来验证这条抛物线就是直线族（Ⅰ）的包络.

1) 在方程（Ⅱ）中，使 $t = t_0$. 那么

$$x_0 = t_0, y_0 = \frac{p}{2} + \frac{t_0^2}{2p}$$

是抛物线上一点的坐标.

容易知道,经过点(x_0, y_0)的抛物线

$$x^2 = 2p\left(y - \frac{p}{2}\right)$$

的切线的方程是

$$xx_0 = 2p\left(\frac{y + y_0}{2} - \frac{p}{2}\right)$$

把$x_0 = t_0, y_0 = \frac{p}{2} + \frac{t_0^2}{2p}$代入这个方程,得

$$t_0 x = p\left(y + \frac{p}{2} + \frac{t_0^2}{2p} - p\right)$$

就是

$$2t_0 x - 2py + p^2 - t_0^2 = 0$$

可以看到,这个方程所表示的抛物线的切线正是直线族(Ⅰ)中的一条直线.

2)在直线族(Ⅰ)中,使$t = t_1$. 那么直线

$$2t_1 x - 2py + p^2 - t_1^2 = 0 \qquad (4)$$

是直线族(Ⅰ)中的一条直线. 它和抛物线

$$x^2 = 2p\left(y - \frac{p}{2}\right)$$

的交点的坐标由方程组

$$\begin{cases} 2t_1 x - 2py + p^2 - t_1^2 = 0 \\ x^2 = 2p\left(y - \frac{p}{2}\right) \end{cases}$$

来确定. 容易知道,这个方程组有相同的两组实数解. 这就是说,这直线和这抛物线只有一个公共点. 所以,这条直线是这条抛物线的切线.

由1),2)可以得到,抛物线$x^2 = 2p\left(y - \frac{p}{2}\right)$是直线

族(Ⅰ)的包络.也就是说,这条抛物线适合于条件的中垂线的轨迹.

注 在上面这个例子中,我们先取 t 的某两个定值 t_0, t_0',从而得到直线族中的两条直线 $l_{t_0}, l_{t_0'}$,并求出这两条直线的交点的坐标.然后使 $t_0' \to t_0$,就得出直线 l_{t_0} 的特征点的坐标.最后使 t_0 取一切实数值 t,就得到动直线的特征点的轨迹方程.如果我们把从直线族中取的任意两条直线就记作 $l_t, l_{t'}$,而把 t_0, t_0' 的下标全部略去,这不会影响到所得的结果.只要我们不要因为直线族的方程和其中任意一条直线 l_t 的方程在形式上的一致而把它们混淆起来就是了.

【例8】 动直线在两坐标轴上的截距成倒数关系,求动直线的轨迹.

解 设动直线在 x 轴上的截距是 t(如图 3.12). 根据题意可知,动直线在 y 轴上的截距是 $\dfrac{1}{t}$. 由此可得,动直线的方程是

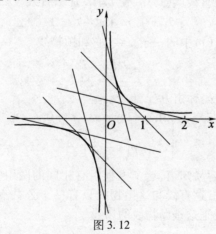

图 3.12

第3章 动图形的轨迹和曲线族的包络

$$\frac{x}{t} + \frac{y}{\frac{1}{t}} = 1$$

就是
$$x + t^2 y - t = 0 \quad (\text{I})$$

从这直线族中取任意两条直线 l_t 和 $l_{t'}$

$$l_t : x + t^2 y - t = 0 \quad (1)$$

$$l_{t'} : x + (t+\Delta t)^2 y - (t+\Delta t) = 0 \quad (2)$$

由(2)-(1),得

$$[2t\Delta t + (\Delta t)^2] y - \Delta t = 0$$

两边同除以 $\Delta t (\Delta t \neq 0)$,得

$$(2t + \Delta t) y - 1 = 0 \quad (3)$$

所以
$$y = \frac{1}{2t + \Delta t}$$

代入式(1),得
$$x + t^2 \left(\frac{1}{2t + \Delta t} \right) - t = 0$$

就是
$$x = t - \frac{t^2}{2t + \Delta t}$$

所以直线 l_t 和 $l_{t'}$ 的交点的坐标是

$$\begin{cases} x = t - \dfrac{t^2}{2t + \Delta t} \\ y = \dfrac{1}{2t + \Delta t} \end{cases}$$

令 $\Delta t \to 0$,就得到直线 l_t 的特征点的坐标

$$\begin{cases} x = \dfrac{t}{2} \\ y = \dfrac{1}{2t} \end{cases} \quad (3)'$$

轨　　迹

消去参数 t，得到方程

$$xy = \frac{1}{4}$$

这就是动直线的特征点的轨迹方程，也就是动直线的轨迹方程。

可以知道，方程 $xy = \frac{1}{4}$ 的曲线是等轴双曲线。所以，所求的动直线的轨迹是等轴双曲线。

注　例7和例8的解题过程还可以简化。如果在得出式(3)后先使 $\Delta t \to 0$，就得到式(3)′。再解由式(1)和(3)′组成的方程组，就得到动直线的特征点的坐标。这样，可以使运算过程变得简单些。

【**例9**】　动直线在 y 轴上的截距是它的斜率的立方，求动直线的轨迹。

解　设动直线的斜率是 t。根据题意可知，动直线的方程是

$$y = tx + t^3$$

从这直线族中取任意两条直线 l_t 和 $l_{t'}$，即

$$l_t : tx - y + t^3 = 0 \tag{1}$$

$$l_{t'} : (t + \Delta t)x - y + (t + \Delta t)^3 = 0 \tag{2}$$

由(2) - (1)，得

$$\Delta t x + 3t^2 \Delta t + 3t(\Delta t)^2 + (\Delta t)^3 = 0$$

两边同除以 $\Delta t (\Delta t \neq 0)$，得

$$x + 3t^2 + 3t \Delta t + (\Delta t)^2 = 0$$

令 $\Delta t \to 0$，得

$$x + 3t^2 = 0 \tag{3}$$

解由式(1)，(3)组成的方程组，得到特征点的坐标是

第 3 章　动图形的轨迹和曲线族的包络

$$\begin{cases} x = -3t^2 \\ y = -2t^3 \end{cases}$$

消去参数 t,得到方程

$$y^2 = -\frac{4}{27}x^3$$

可以知道,这个方程所表示的曲线是半立方抛物线(如图 3.13).它就是所求的动直线的轨迹.

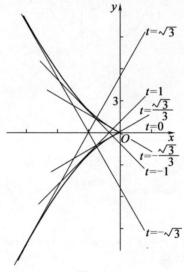

图 3.13

【例 10】 已知定圆 F_1 和定点 F_2,求定圆上任意点 P 和定点 F_2 的联结线段 PF_2 的中垂线的轨迹.

解 以线段 F_1F_2 的中点 O 为原点,以直线 F_1F_2 为 x 轴,建立平面直角坐标系.(如图 3.14)

设定圆 F_1 的半径是 $2a$,则

$$|F_1F_2| = 2c, \angle xF_1P = \varphi$$

那么点 F_1,F_2,P 的坐标分别是

轨　　迹

$(-c,0),(c,0),(2a\cos\varphi-c,2a\sin\varphi)$

线段 F_2P 的中点的坐标是

$(a\cos\varphi,a\sin\varphi)$

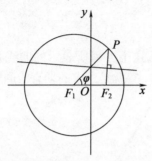

图 3.14

线段 F_2P 的斜率是

$$\frac{2a\sin\varphi-0}{(2a\cos\varphi-c)-c}=\frac{a\sin\varphi}{a\cos\varphi-c}$$

所以,线段 F_2P 的中垂线的方程是

$$y-a\sin\varphi=\frac{c-a\cos\varphi}{a\sin\varphi}(x-a\cos\varphi)$$

就是

$(a\cos\varphi-c)x+ya\sin\varphi+ac\cos\varphi-a^2=0$

作万能代换

$$\cos\varphi=\frac{1-t^2}{1+t^2},\sin\varphi=\frac{2t}{1+t^2}$$

上面这个方程就变形为

$[(a-c)-(a+c)t^2]x+2aty+ac-a^2-(ac+a^2)t^2=0$

从这直线族中取任意两条直线 l_t 和 $l_{t'}$,即

$l_t:[(a-c)-(a+c)t^2]x+2aty+ac-a^2-(ac+a^2)t^2=0 \qquad (1)$

$l_{t'}:[(a-c)-(a+c)(t+\Delta t)^2]x+2a(t+\Delta t)y+$

第3章 动图形的轨迹和曲线族的包络

$$ac - a^2 - (ac + a^2)(t + \Delta t)^2 = 0 \qquad (2)$$

由(2)-(1),得

$$-(a+c)[2t\Delta t + (\Delta t)^2]x + 2ay\Delta t - (ac + a^2) \cdot [2t\Delta t + (\Delta t)^2] = 0$$

两边同除以 $\Delta t (\Delta t \neq 0)$,得

$$-(a+c)(2t + \Delta t)x + 2ay - (ac + a^2)(2t + \Delta t) = 0$$

令 $\Delta t \to 0$,得

$$-2(a+c)tx + 2ay - 2(ac + a^2)t = 0 \qquad (3)$$

解由式(1),(3)组成的方程组,得到直线 l_t 无限地趋近于 $l_{t'}$ 时,它们的交点的坐标为

$$\begin{cases} x = \dfrac{a[(a-c)-(a+c)t^2]}{(a-c)+(a+c)t^2} \\ y = \dfrac{2(a-c)(a+c)t}{(a-c)+(a+c)t^2} \end{cases}$$

这就是动直线的轨迹的参数方程.

容易看到,当 $a = c$ 时,$x = -c, y = 0$. 这时,所求的动直线的轨迹是点 $F_1(-c, 0)$.

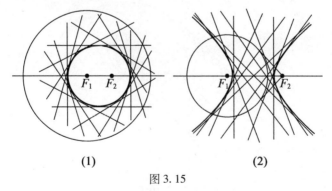

(1)　　　　　(2)

图 3.15

当 $a \neq c$ 时,消去参数 t 后得到所求的动直线的轨迹的方程是

轨　　迹

$$\frac{x^2}{a^2}+\frac{y^2}{a^2-c^2}=1$$

很明显,当 $a>c$ 时,所求的轨迹是椭圆(图 3.15(1));当 $a<c$ 时,所求的轨迹是双曲线(图 3.15(2)).

3.4　曲线族的包络

前面已经讨论过动直线的轨迹,它是动图形的轨迹中最简单的情形. 在生活和生产中还经常会遇到其他动图形的轨迹问题,例如在机械加工中,在铣床上让圆盘铣刀绕固定轴高速转动,工件随工作台按照一定的规律移动(如果把工件看做是固定不动的物体,那么这个过程就相当于铣刀的轴心沿着某条曲线在移动),这时,铣刀就在工件上加工出一定形状的滑槽来(如图 3.16).

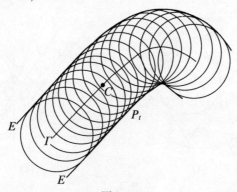

图 3.16

如果已知圆盘铣刀的半径是 r,轴心沿着给定的

曲线 $\Gamma: x = f(t), y = g(t)$ 移动,那么滑槽(曲线 E)就是半径是 r,圆心的坐标是 $(f(t), g(t))$(t 变动时,圆心就变动,它位于曲线 Γ 上)的动圆的轨迹. 这个动圆的方程可以写成

$$(x - f(t))^2 + (y - g(t))^2 = r^2$$

这是一个含有参数 t 的二元方程. 可以看到,当 t 取某一个值时,所得的方程就表示某一个圆. 当 t 取无数个值时,所得的无数个方程就表示无数个位置不同的圆. 很明显,曲线 E 和所有这些圆都相切[①].

一般地,我们可以用含有参数的二元方程

$$F(x, y, t) = 0$$

来表示动图形. 当参数 t 取某一个值时,所得的方程就表示某一条曲线;当 t 取无数个值时,所得的无数个方程就表示无数条曲线. 所以习惯上把上述方程称为曲线族的方程.

对于给定的平面曲线族,如果存在着这样的曲线 E,使得在曲线 E 上的任意点 P_t 处,曲线族中一定有一条曲线 C_t 和曲线 E 相切;而且,对于这曲线族中任意一条曲线 C_t,在曲线 E 上有这样的一个点 P_t,使得曲线 C_t 和曲线 E 相切于这一点,那么就把具有这种性质的曲线 E 叫做给定的曲线族的包络,P_t 叫做曲线族中曲线 C_t 的特征点.

我们可以用和上节里完全类似的方法来求曲线族的包络. 而曲线族中曲线 C_t 的特征点就是这曲线族中两条无限趋近的曲线的极限交点.

[①] 所谓两曲线相切,是指这两曲线在交点处有相同的切线,这个交点称为切点.

轨 迹

【例11】 平行移动抛物线 $x^2 = y$,使它的顶点始终位于直线 $x = t - \dfrac{1}{2}, y = t - \dfrac{5}{4}$ 上,求这抛物线族的包络.(如图 3.17)

解 设平移变换公式是
$$\begin{cases} X = x + x_0 \\ Y = y + y_0 \end{cases}$$

那么,抛物线方程 $x^2 = y$ 经过平移后就变换成方程
$$(X - x_0)^2 = Y - y_0$$

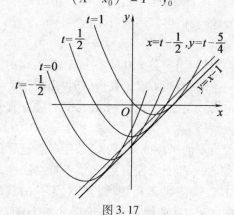

图 3.17

容易知道,平移后的抛物线的顶点是 (x_0, y_0).

平移抛物线 $x^2 = y$,使它的顶点位于直线 $x = t - \dfrac{1}{2}, y = t - \dfrac{5}{4}$ 上,那么平移后的抛物线的顶点的坐标是 $\left(t - \dfrac{1}{2}, t - \dfrac{5}{4}\right)$. 这时,所得抛物线族的方程是
$$\left[x - \left(t - \dfrac{1}{2}\right)\right]^2 = y - \left(t - \dfrac{5}{4}\right)$$

就是
$$x^2 - (2t - 1)x + t^2 - 1 = y \quad (t \text{ 是参数})$$

第3章 动图形的轨迹和曲线族的包络

在这抛物线族中取两条抛物线 C_t 和 $C_{t'}$,即

$$C_t: x^2 - (2t-1)x + t^2 - 1 - y = 0 \quad (1)$$

$$C_{t'}: x^2 - [2(t+\Delta t)-1]x + (t+\Delta t)^2 - 1 - y = 0 \quad (2)$$

由(2)-(1),得

$$2\Delta t x - 2t \Delta t - (\Delta t)^2 = 0$$

两边同除以 Δt,得

$$2x - 2t - \Delta t = 0$$

令 $\Delta t \to 0$,得

$$2x - 2t = 0 \quad (3)$$

解由式(1),(3)所组成的方程组,得到所有特征点的坐标是

$$\begin{cases} x = t \\ y = t - 1 \end{cases}$$

这就是所求的抛物线族的包络的参数方程.

消去参数 t,得

$$y = x - 1$$

这个方程的图形是一条直线.

由此可知,所求的抛物线的包络是直线

$$y = x - 1$$

如果应用求导法则,就可以使解题过程进一步简化.事实上,从上面几个例子中可以看出,在解方程组

$$\begin{cases} F(x,y,t) = 0 & (1) \\ F(x,y,t+\Delta t) = 0 & (2) \end{cases}$$

时,都是先把式(2)减去式(1),并把所得的结果的两边同除以 $\Delta t (\neq 0)$,然后令 $\Delta t \to 0$ 从而得到式(3),再解由式(1),(3)所组成的方程组,就得到所求的曲线族的包络的方程.如果把求式(3)的这几个步骤合并起来,就是

轨　　迹

$$\lim_{\Delta t \to 0} \frac{F(x,y,t+\Delta t) - F(x,y,\Delta t)}{\Delta t} = 0$$

根据导数的定义,这个等式的左边就是把 $F(x,y,t)$ 中的 x,y 看做常数,而只对变数 t 求导,这可以记作 $F'_t(x,y,t)$.

由此可知,要求曲线族 $F(x,y,t)=0$ 的包络,一般地说,只要解方程组

$$\begin{cases} F(x,y,t) = 0 \\ F'_t(x,y,t) = 0 \end{cases} \tag{4}$$

就可以求得曲线族的包络的方程.

可以证明(见下面注),如果曲线族 $F(x,y,t)=0$ 的包络存在的话,那么它一定包含在方程组(4)所确定的曲线中.

注　证明　设曲线族

$$F(x,y,t) = 0 \tag{1}$$

存在包络 E. 那么,根据曲线族的包络的定义,包络 E 上的任意点 P_t 一定在这曲线族中的某一条曲线 C_t 上,而曲线 C_t 是由参数 t 来确定的. 所以包络 E 上的点的坐标是参数 t 的函数,设

$$\begin{cases} x = X(t) \\ y = Y(t) \end{cases} \tag{2}$$

这个方程组就是包络 E 的参数方程.

因为包络 E 上的任意点 $P_t\{X(t),Y(t)\}$ 都在曲线族(1)中的某一条曲线 C_t 上,所以,把式(2)代入式(1),就得到一个关于 t 的恒等式

$$F\{X(t),Y(t),t\} = 0$$

把这个恒等式对 t 求导,得

$$F'_x \frac{\mathrm{d}X(t)}{\mathrm{d}t} + F'_y \frac{\mathrm{d}Y(t)}{\mathrm{d}t} + F'_t = 0 \tag{3}$$

容易知道,曲线族(1)中任意曲线 C_t 的切线的斜

率是 $-\dfrac{F'_x}{F'_y}$，这里 F'_x, F'_y 不能同时等于零（当 $F'_y = 0$ 时，切线的斜率不存在，但这切线是存在的，它是平行于 y 轴的直线），而包络 E 的切线的斜率是

$$\frac{\mathrm{d}Y(t)}{\mathrm{d}t} \bigg/ \frac{\mathrm{d}X(t)}{\mathrm{d}t}$$

因为曲线 C_t 和包络 E 在交点 P_t 处有相同的切线，所以它们在交点处的切线的斜率相等，由此可得

$$\frac{\mathrm{d}Y(t)}{\mathrm{d}t} \bigg/ \frac{\mathrm{d}X(t)}{\mathrm{d}t} = -\frac{F'_x}{F'_y}$$

就是

$$F'_x \frac{\mathrm{d}X(t)}{\mathrm{d}t} + F'_y \frac{\mathrm{d}Y(t)}{\mathrm{d}t} = 0$$

代入式(3)就得到，包络 E 上任意点 P_t 的坐标必须适合方程

$$F'_t = 0$$

由此可知，包络 E 上的点的坐标必须适合方程组

$$\begin{cases} F(x,y,t) = 0 \\ F'_t(x,y,t) = 0 \end{cases}$$

但 F'_x 和 F'_y 不能同时等于零．

我们把由方程组

$$\begin{cases} F'_x(x,y,t) = 0 \\ F'_y(x,y,t) = 0 \end{cases}$$

所确定的曲线（如存在的话）叫做奇异点曲线．

对于直线族

$$F(x,y,t) = A(t)x + B(t)y + C(t) = 0$$

其中 $A(t), B(t)$ 不同时等于零．因为

$$F'_x(x,y,t) = A(t)$$

和

$$F'_y(x,y,t) = B(t)$$

不同时等于零，所以直线族不存在奇异点曲线．因此，

轨　　迹

方程组(4)所确定的曲线一定是这直线族的包络.

下面进一步举例说明怎样求曲线族的包络.

【例12】　设长度等于 a 的直线段 AB,它的两个端点分别在互相垂直的两条直线上移动,求这直线段的包络.

解　以已知的互相垂直的两条直线作为坐标轴,建立平面直角坐标系.(如图3.18)

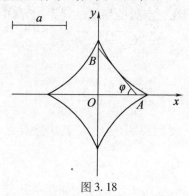

图 3.18

设动线段 AB 和 x 轴的反方向之间的夹角是 φ,$|AB|=a$.那么动线段 AB 的两个端点 A,B 的坐标分别是 $(a\cos\varphi, 0)$,$(0, a\sin\varphi)$.

直线 AB 的方程是

$$\frac{x}{a\cos\varphi}+\frac{y}{a\sin\varphi}=1$$

就是

$$x\sin\varphi+y\cos\varphi-a\sin\varphi\cos\varphi=0 \quad (1)$$

对参数 φ 求导,得

$$x\cos\varphi-y\sin\varphi-a(\cos^2\varphi-\sin^2\varphi)=0 \quad (2)$$

解由式(1),(2)组成的方程组,得

$$x=a\cos^3\varphi,\ y=a\sin^3\varphi$$

消去参数 φ,得到所求的包络的方程是

第3章 动图形的轨迹和曲线族的包络

$$x^{\frac{2}{3}} + y^{\frac{2}{3}} = a^{\frac{2}{3}}$$

这个方程所表示的曲线是星形线.

【例 13】 求曲线族

$$F(x,y,t) = (y-t)^2 - (x-t)^3 - 5(x-t)^2 = 0 \quad (1)$$

的包络.

解 把方程(1)对 t 求导,得

$$F'_t = -2(y-t) + 3(x-t)^2 + 10(x-t) = 0$$

就是

$$y - t = \frac{1}{2}(x-t)[3(x-t) + 10] \quad (2)$$

把式(2)代入方程(1),得

$$\frac{1}{4}(x-t)^2[3(x-t)+10]^2 - (x-t)^3 - 5(x-t)^2 = 0$$

$$(x-t)^2[9(x-t)^2 + 56(x-t) + 80] = 0 \quad (3)$$

解由式(2),(3)组成的方程组,得

$$\begin{cases} x = t \\ y = t \end{cases}, \quad \begin{cases} x = t - 4 \\ y = t + 4 \end{cases}, \quad \begin{cases} x = t - \dfrac{20}{9} \\ y = t - \dfrac{100}{27} \end{cases}$$

这三个方程表示三条直线,即

$$l_1 : y = x$$
$$l_2 : y = x + 8$$
$$l_3 : y = x - \frac{40}{27}$$

而

$$F'_x = -3(x-t)^2 - 10(x-t)$$
$$F'_y = 2(y-t)$$

很明显,直线 l_1 的方程

$$\begin{cases} x = t \\ y = t \end{cases}$$

适合条件: $F'_x = 0, F'_y = 0$.

轨　迹

所以,直线 l_1 是奇异点曲线.而直线 l_2,l_3 的方程不适合上面这个条件,所以它们是所求的包络(如图 3.19).

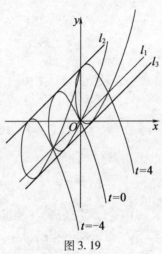

图 3.19

【**例 14**】 以定圆 $x^2+y^2=r^2$ 上任意点($r\cos\varphi$, $r\sin\varphi$)为圆心,以这点到 y 轴的距离 $|r\cos\varphi|$ 为半径作圆,求这圆族的包络.

解 很明显,这圆族的方程是
$$(x-r\cos\varphi)^2+(y-r\sin\varphi)^2=r^2\cos^2\varphi$$
就是
$$x^2+y^2-(2r\cos\varphi)x-(2r\sin\varphi)y+r^2\sin^2\varphi=0 \quad (1)$$
对参数 φ 求导,得
$$(2r\sin\varphi)x-(2r\cos\varphi)y+2r^2\sin\varphi\cos\varphi=0$$
即
$$x\sin\varphi-y\cos\varphi+r\sin\varphi\cos\varphi=0 \quad (2)$$
解由式(1),(2)组成的方程组,得
$$\begin{cases}x=0\\y=r\sin\varphi\end{cases},\quad \begin{cases}x=2r\cos^3\varphi\\y=2r\sin\varphi\cos^2\varphi+r\sin\varphi\end{cases}$$

第 3 章　动图形的轨迹和曲线族的包络

这就是所求的包络的方程. 前者的图形是位于 y 轴上的线段. 后者就是

$$\begin{cases} x = \dfrac{3}{2}r\cos\varphi + \dfrac{r}{2}\cos 3\varphi \\ y = \dfrac{3}{2}r\sin\varphi + \dfrac{r}{2}\sin 3\varphi \end{cases}$$

这方程的图形是有两个尖点的圆外旋轮线(图 3.20).

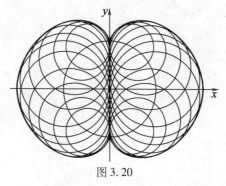

图 3.20

练习 3

1. 设一条动直线和两定点 A, B 的距离的比是定值,并且两定点 A, B 在这直线的两旁,求这条动直线的轨迹.

2. 在定圆内,作同弧上的圆周角的平分线,求这角平分线的轨迹.

3. 三角形的顶角一定,内切圆的半径等于定长线段,求这三角形的底边的所在直线的轨迹.

4. 三角形的顶角一定,底边上的高等于定长线段,求这三角形底边的所在直线的轨迹.

轨　　迹

5. 动直线在两坐标轴上的截距的积等于定值 a，求这动直线的轨迹.

6. 动直线在 y 轴上的截距是它的斜率的平方，求这动直线的轨迹.

7. 求直线族：$\dfrac{x\cos\varphi}{a}+\dfrac{y\sin\varphi}{b}=1$（其中 a,b 是大于零的常数，φ 是参数）的包络.

8. 求曲线族：$(y-2t)^2=(x-t)^3+(x-t)^2$ 的包络.

9. 求半立方抛物线 $y^2=(x-a)^3$ 绕坐标原点旋转所得曲线族的包络.

10. 求证：圆族 $(x-f(t))^2+(y-g(t))^2=r^2$ 的包络（称为曲线 $(x,y)=(f(t),g(t))$ 的等距线）是

$$\begin{cases} x=f(t)\pm\dfrac{ry'(t)}{\sqrt{[x'(t)]^2+[y'(t)]^2}} \\ y=g(t)\mp\dfrac{rx'(t)}{\sqrt{[x'(t)]^2+[y'(t)]^2}} \end{cases}$$

11. 设一圆族经过已知圆 C 上的定点 O，并且圆族中的圆的圆心 P 位于已知圆 C 上，求这圆族的包络.

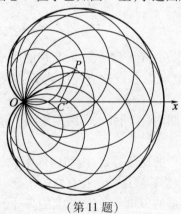

（第 11 题）

哈尔滨工业大学出版社刘培杰数学工作室
已出版(即将出版)图书目录

书　名	出版时间	定　价	编号
新编中学数学解题方法全书(高中版)上卷	2007—09	38.00	7
新编中学数学解题方法全书(高中版)中卷	2007—09	48.00	8
新编中学数学解题方法全书(高中版)下卷(一)	2007—09	42.00	17
新编中学数学解题方法全书(高中版)下卷(二)	2007—09	38.00	18
新编中学数学解题方法全书(高中版)下卷(三)	2010—06	58.00	73
新编中学数学解题方法全书(初中版)上卷	2008—01	28.00	29
新编中学数学解题方法全书(初中版)中卷	2010—07	38.00	75
新编中学数学解题方法全书(高考复习卷)	2010—01	48.00	67
新编中学数学解题方法全书(高考真题卷)	2010—01	38.00	62
新编中学数学解题方法全书(高考精华卷)	2011—03	68.00	118
新编平面解析几何解题方法全书(专题讲座卷)	2010—01	18.00	61
新编中学数学解题方法全书(自主招生卷)	2013—08	88.00	261
数学眼光透视	2008—01	38.00	24
数学思想领悟	2008—01	38.00	25
数学应用展观	2008—01	38.00	26
数学建模导引	2008—01	28.00	23
数学方法溯源	2008—01	38.00	27
数学史话览胜	2008—01	28.00	28
数学思维技术	2013—09	38.00	260
从毕达哥拉斯到怀尔斯	2007—10	48.00	9
从迪利克雷到维斯卡尔迪	2008—01	48.00	21
从哥德巴赫到陈景润	2008—05	98.00	35
从庞加莱到佩雷尔曼	2011—08	138.00	136
数学解题中的物理方法	2011—06	28.00	114
数学解题的特殊方法	2011—06	48.00	115
中学数学计算技巧	2012—01	48.00	116
中学数学证明方法	2012—01	58.00	117
数学趣题巧解	2012—03	28.00	128
三角形中的角格点问题	2013—01	88.00	207
含参数的方程和不等式	2012—09	28.00	213

哈尔滨工业大学出版社刘培杰数学工作室
已出版(即将出版)图书目录

书 名	出版时间	定 价	编号
数学奥林匹克与数学文化(第一辑)	2006—05	48.00	4
数学奥林匹克与数学文化(第二辑)(竞赛卷)	2008—01	48.00	19
数学奥林匹克与数学文化(第二辑)(文化卷)	2008—07	58.00	36′
数学奥林匹克与数学文化(第三辑)(竞赛卷)	2010—01	48.00	59
数学奥林匹克与数学文化(第四辑)(竞赛卷)	2011—08	58.00	87
数学奥林匹克与数学文化(第五辑)	2014—09		370
发展空间想象力	2010—01	38.00	57
走向国际数学奥林匹克的平面几何试题诠释(上、下)(第1版)	2007—01	68.00	11,12
走向国际数学奥林匹克的平面几何试题诠释(上、下)(第2版)	2010—02	98.00	63,64
平面几何证明方法全书	2007—08	35.00	1
平面几何证明方法全书习题解答(第1版)	2005—10	18.00	2
平面几何证明方法全书习题解答(第2版)	2006—12	18.00	10
平面几何天天练上卷·基础篇(直线型)	2013—01	58.00	208
平面几何天天练中卷·基础篇(涉及圆)	2013—01	28.00	234
平面几何天天练下卷·提高篇	2013—01	58.00	237
平面几何专题研究	2013—07	98.00	258
最新世界各国数学奥林匹克中的平面几何试题	2007—09	38.00	14
数学竞赛平面几何典型题及新颖解	2010—07	48.00	74
初等数学复习及研究(平面几何)	2008—09	58.00	38
初等数学复习及研究(立体几何)	2010—06	38.00	71
初等数学复习及研究(平面几何)习题解答	2009—01	48.00	42
世界著名平面几何经典著作钩沉——几何作图专题卷(上)	2009—06	48.00	49
世界著名平面几何经典著作钩沉——几何作图专题卷(下)	2011—01	88.00	80
世界著名平面几何经典著作钩沉(民国平面几何老课本)	2011—03	38.00	113
世界著名解析几何经典著作钩沉——平面解析几何卷	2014—01	38.00	273
世界著名数论经典著作钩沉(算术卷)	2012—01	28.00	125
世界著名数学经典著作钩沉——立体几何卷	2011—02	28.00	88
世界著名三角学经典著作钩沉(平面三角卷Ⅰ)	2010—06	28.00	69
世界著名三角学经典著作钩沉(平面三角卷Ⅱ)	2011—01	38.00	78
世界著名初等数论经典著作钩沉(理论和实用算术卷)	2011—07	38.00	126
几何学教程(平面几何卷)	2011—03	68.00	90
几何学教程(立体几何卷)	2011—07	68.00	130
几何变换与几何证题	2010—06	88.00	70
计算方法与几何证题	2011—06	28.00	129
立体几何技巧与方法	2014—04	88.00	293
几何瑰宝——平面几何500名题暨1000条定理(上、下)	2010—07	138.00	76,77
三角形的解法与应用	2012—07	18.00	183
近代的三角形几何学	2012—07	48.00	184
一般折线几何学	即将出版	58.00	203
三角形的五心	2009—06	28.00	51
三角形趣谈	2012—08	28.00	212
解三角形	2014—01	28.00	265
三角学专门教程	2014—09	28.00	387
圆锥曲线习题集(上)	2013—06	68.00	255

哈尔滨工业大学出版社刘培杰数学工作室
已出版(即将出版)图书目录

书　名	出版时间	定　价	编号
俄罗斯平面几何问题集	2009—08	88.00	55
俄罗斯立体几何问题集	2014—03	58.00	283
俄罗斯几何大师——沙雷金论数学及其他	2014—01	48.00	271
来自俄罗斯的5000道几何习题及解答	2011—03	58.00	89
俄罗斯初等数学问题集	2012—05	38.00	177
俄罗斯函数问题集	2011—03	38.00	103
俄罗斯组合分析问题集	2011—01	48.00	79
俄罗斯初等数学万题选——三角卷	2012—11	38.00	222
俄罗斯初等数学万题选——代数卷	2013—08	68.00	225
俄罗斯初等数学万题选——几何卷	2014—01	68.00	226
463个俄罗斯几何老问题	2012—01	28.00	152
近代欧氏几何学	2012—03	48.00	162
罗巴切夫斯基几何学及几何基础概要	2012—07	28.00	188
超越吉米多维奇——数列的极限	2009—11	48.00	58
Barban Davenport Halberstam均值和	2009—01	40.00	33
初等数论难题集(第一卷)	2009—05	68.00	44
初等数论难题集(第二卷)(上、下)	2011—02	128.00	82,83
谈谈素数	2011—03	18.00	91
平方和	2011—03	18.00	92
数论概貌	2011—03	18.00	93
代数数论(第二版)	2013—08	58.00	94
代数多项式	2014—06	38.00	289
初等数论的知识与问题	2011—02	28.00	95
超越数论基础	2011—03	28.00	96
数论初等教程	2011—03	28.00	97
数论基础	2011—03	18.00	98
数论基础与维诺格拉多夫	2014—03	18.00	292
解析数论基础	2012—08	28.00	216
解析数论基础(第二版)	2014—01	48.00	287
解析数论问题集(第二版)	2014—05	88.00	343
数论入门	2011—03	38.00	99
数论开篇	2012—07	28.00	194
解析数论引论	2011—03	48.00	100
复变函数引论	2013—10	68.00	269
无穷分析引论(上)	2013—04	88.00	247
无穷分析引论(下)	2013—04	98.00	245

哈尔滨工业大学出版社刘培杰数学工作室
已出版(即将出版)图书目录

书　名	出版时间	定　价	编号
数学分析	2014—04	28.00	338
数学分析中的一个新方法及其应用	2013—01	38.00	231
数学分析例选：通过范例学技巧	2013—01	88.00	243
三角级数论(上册)(陈建功)	2013—01	38.00	232
三角级数论(下册)(陈建功)	2013—01	48.00	233
三角级数论(哈代)	2013—06	48.00	254
基础数论	2011—03	28.00	101
超越数	2011—03	18.00	109
三角和方法	2011—03	18.00	112
谈谈不定方程	2011—05	28.00	119
整数论	2011—05	38.00	120
随机过程(Ⅰ)	2014—01	78.00	224
随机过程(Ⅱ)	2014—01	68.00	235
整数的性质	2012—11	38.00	192
初等数论100例	2011—05	18.00	122
初等数论经典例题	2012—07	18.00	204
最新世界各国数学奥林匹克中的初等数论试题(上、下)	2012—01	138.00	144,145
算术探索	2011—12	158.00	148
初等数论(Ⅰ)	2012—01	18.00	156
初等数论(Ⅱ)	2012—01	18.00	157
初等数论(Ⅲ)	2012—01	28.00	158
组合数学	2012—04	28.00	178
组合数学浅谈	2012—03	28.00	159
同余理论	2012—05	38.00	163
丢番图方程引论	2012—03	48.00	172
平面几何与数论中未解决的新老问题	2013—01	68.00	229
线性代数大题典	2014—07	88.00	351
法雷级数	2014—08	18.00	367
代数数论简史	2014—11	28.00	408
历届美国中学生数学竞赛试题及解答(第一卷)1950—1954	2014—07	18.00	277
历届美国中学生数学竞赛试题及解答(第二卷)1955—1959	2014—04	18.00	278
历届美国中学生数学竞赛试题及解答(第三卷)1960—1964	2014—06	18.00	279
历届美国中学生数学竞赛试题及解答(第四卷)1965—1969	2014—04	28.00	280
历届美国中学生数学竞赛试题及解答(第五卷)1970—1972	2014—06	18.00	281
历届美国中学生数学竞赛试题及解答(第七卷)1981—1986	2015—01	18.00	424

哈尔滨工业大学出版社刘培杰数学工作室
已出版(即将出版)图书目录

书 名	出版时间	定价	编号
历届IMO试题集(1959—2005)	2006—05	58.00	5
历届CMO试题集	2008—09	28.00	40
历届中国数学奥林匹克试题集	2014—10	38.00	394
历届加拿大数学奥林匹克试题集	2012—08	38.00	215
历届美国数学奥林匹克试题集:多解推广加强	2012—08	38.00	209
保加利亚数学奥林匹克	2014—10	38.00	393
历届国际大学生数学竞赛试题集(1994—2010)	2012—01	28.00	143
全国大学生数学夏令营数学竞赛试题及解答	2007—03	28.00	15
全国大学生数学竞赛辅导教程	2012—07	28.00	189
全国大学生数学竞赛复习全书	2014—04	48.00	340
历届美国大学生数学竞赛试题集	2009—03	88.00	43
前苏联大学生数学奥林匹克竞赛题解(上编)	2012—04	28.00	169
前苏联大学生数学奥林匹克竞赛题解(下编)	2012—04	38.00	170
历届美国数学邀请赛试题集	2014—01	48.00	270
全国高中数学竞赛试题及解答.第1卷	2014—07	38.00	331
大学生数学竞赛讲义	2014—09	28.00	371
高考数学临门一脚(含密押三套卷)(理科版)	2015—01	24.80	421
高考数学临门一脚(含密押三套卷)(文科版)	2015—01	24.80	422
整函数	2012—08	18.00	161
多项式和无理数	2008—01	68.00	22
模糊数据统计学	2008—03	48.00	31
模糊分析学与特殊泛函空间	2013—01	68.00	241
受控理论与解析不等式	2012—05	78.00	165
解析不等式新论	2009—06	68.00	48
反问题的计算方法及应用	2011—11	28.00	147
建立不等式的方法	2011—03	98.00	104
数学奥林匹克不等式研究	2009—08	68.00	56
不等式研究(第二辑)	2012—02	68.00	153
初等数学研究(Ⅰ)	2008—09	68.00	37
初等数学研究(Ⅱ)(上、下)	2009—05	118.00	46,47
中国初等数学研究 2009卷(第1辑)	2009—05	20.00	45
中国初等数学研究 2010卷(第2辑)	2010—05	30.00	68
中国初等数学研究 2011卷(第3辑)	2011—07	60.00	127
中国初等数学研究 2012卷(第4辑)	2012—07	48.00	190
中国初等数学研究 2014卷(第5辑)	2014—02	48.00	288
数阵及其应用	2012—02	28.00	164
绝对值方程—折边与组合图形的解析研究	2012—07	48.00	186
不等式的秘密(第一卷)	2012—02	28.00	154
不等式的秘密(第一卷)(第2版)	2014—02	38.00	286
不等式的秘密(第二卷)	2014—01	38.00	268

Ⅴ

哈尔滨工业大学出版社刘培杰数学工作室
已出版(即将出版)图书目录

书　名	出版时间	定价	编号
初等不等式的证明方法	2010—06	38.00	123
初等不等式的证明方法(第二版)	2014—11	38.00	407
数学奥林匹克在中国	2014—06	98.00	344
数学奥林匹克问题集	2014—01	38.00	267
数学奥林匹克不等式散论	2010—06	38.00	124
数学奥林匹克不等式欣赏	2011—09	38.00	138
数学奥林匹克超级题库(初中卷上)	2010—01	58.00	66
数学奥林匹克不等式证明方法和技巧(上、下)	2011—08	158.00	134,135
近代拓扑学研究	2013—04	38.00	239
新编640个世界著名数学智力趣题	2014—01	88.00	242
500个最新世界著名数学智力趣题	2008—06	48.00	3
400个最新世界著名数学最值问题	2008—09	48.00	36
500个世界著名数学征解问题	2009—06	48.00	52
400个中国最佳初等数学征解老问题	2010—01	48.00	60
500个俄罗斯数学经典老题	2011—01	28.00	81
1000个国外中学物理好题	2012—04	48.00	174
300个日本高考数学题	2012—05	38.00	142
500个前苏联早期高考数学试题及解答	2012—05	28.00	185
546个早期俄罗斯大学生数学竞赛题	2014—03	38.00	285
548个来自美苏的数学好问题	2014—11	28.00	396
博弈论精粹	2008—03	58.00	30
数学 我爱你	2008—01	28.00	20
精神的圣徒　别样的人生——60位中国数学家成长的历程	2008—09	48.00	39
数学史概论	2009—06	78.00	50
数学史概论(精装)	2013—03	158.00	272
斐波那契数列	2010—02	28.00	65
数学拼盘和斐波那契魔方	2010—07	38.00	72
斐波那契数列欣赏	2011—01	28.00	160
数学的创造	2011—02	48.00	85
数学中的美	2011—02	38.00	84
王连笑教你怎样学数学——高考选择题解题策略与客观题实用训练	2014—01	48.00	262
最新全国及各省市高考数学试卷解法研究及点拨评析	2009—02	38.00	41
高考数学的理论与实践	2009—08	38.00	53
中考数学专题总复习	2007—04	28.00	6
向量法巧解数学高考题	2009—08	28.00	54
高考数学核心题型解题方法与技巧	2010—01	28.00	86
高考思维新平台	2014—03	38.00	259
数学解题——靠数学思想给力(上)	2011—07	38.00	131
数学解题——靠数学思想给力(中)	2011—07	48.00	132
数学解题——靠数学思想给力(下)	2011—07	38.00	133
我怎样解题	2013—01	48.00	227
和高中生漫谈:数学与哲学的故事	2014—08	28.00	369

哈尔滨工业大学出版社刘培杰数学工作室
已出版(即将出版)图书目录

书 名	出版时间	定价	编号
2011年全国及各省市高考数学试题审题要津与解法研究	2011—10	48.00	139
2013年全国及各省市高考数学试题解析与点评	2014—01	48.00	282
新课标高考数学——五年试题分章详解(2007～2011)(上、下)	2011—10	78.00	140,141
30分钟拿下高考数学选择题、填空题	2012—01	48.00	146
全国中考数学压轴题审题要津与解法研究	2013—04	78.00	248
新编全国及各省市中考数学压轴题审题要津与解法研究	2014—05	58.00	342
高考数学压轴题解题诀窍(上)	2012—02	78.00	166
高考数学压轴题解题诀窍(下)	2012—03	28.00	167
格点和面积	2012—07	18.00	191
射影几何趣谈	2012—04	28.00	175
斯潘纳尔引理——从一道加拿大数学奥林匹克试题谈起	2014—01	18.00	228
李普希兹条件——从几道近年高考数学试题谈起	2012—10	18.00	221
拉格朗日中值定理——从一道北京高考试题的解法谈起	2012—10	18.00	197
闵科夫斯基定理——从一道清华大学自主招生试题谈起	2014—01	28.00	198
哈尔测度——从一道冬令营试题的背景谈起	2012—08	28.00	202
切比雪夫逼近问题——从一道中国台北数学奥林匹克试题谈起	2013—04	38.00	238
伯恩斯坦多项式与贝齐尔曲面——从一道全国高中数学联赛试题谈起	2013—03	38.00	236
卡塔兰猜想——从一道普特南竞赛试题谈起	2013—06	18.00	256
麦卡锡函数和阿克曼函数——从一道前南斯拉夫数学奥林匹克试题谈起	2012—08	18.00	201
贝蒂定理与拉姆贝克莫尔定理——从一个拣石子游戏谈起	2012—08	18.00	217
皮亚诺曲线和豪斯道夫分球定理——从无限集谈起	2012—08	18.00	211
平面凸图形与凸多面体	2012—10	28.00	218
斯坦因豪斯问题——从一道二十五省市自治区中学数学竞赛试题谈起	2012—07	18.00	196
纽结理论中的亚历山大多项式与琼斯多项式——从一道北京市高一数学竞赛试题谈起	2012—07	28.00	195
原则与策略——从波利亚"解题表"谈起	2013—04	38.00	244
转化与化归——从三大尺规作图不能问题谈起	2012—08	28.00	214
代数几何中的贝祖定理(第一版)——从一道IMO试题的解法谈起	2013—08	38.00	193
成功连贯理论与约当块理论——从一道比利时数学竞赛试题谈起	2012—04	18.00	180
磨光变换与范·德·瓦尔登猜想——从一道环球城市竞赛试题谈起	即将出版		
素数判定与大数分解	2014—08	18.00	199
置换多项式及其应用	2012—10	18.00	220
椭圆函数与模函数——从一道美国加州大学洛杉矶分校(UCLA)博士资格考题谈起	2012—10	38.00	219
差分方程的拉格朗日方法——从一道2011年全国高考理科试题的解法谈起	2012—08	28.00	200

哈尔滨工业大学出版社刘培杰数学工作室
已出版(即将出版)图书目录

书　名	出版时间	定　价	编号
力学在几何中的一些应用	2013—01	38.00	240
高斯散度定理、斯托克斯定理和平面格林定理——从一道国际大学生数学竞赛试题谈起	即将出版		
康托洛维奇不等式——从一道全国高中联赛试题谈起	2013—03	28.00	337
西格尔引理——从一道第 18 届 IMO 试题的解法谈起	即将出版		
罗斯定理——从一道前苏联数学竞赛试题谈起	即将出版		
拉克斯定理和阿廷定理——从一道 IMO 试题的解法谈起	2014—01	58.00	246
毕卡大定理——从一道美国大学数学竞赛试题谈起	2014—07	18.00	350
贝齐尔曲线——从一道全国高中竞赛试题谈起	即将出版		
拉格朗日乘子定理——从一道 2005 年全国高中联赛试题谈起	即将出版		
雅可比定理——从一道日本数学奥林匹克试题谈起	2013—04	48.00	249
李天岩-约克定理——从一道波兰数学竞赛试题谈起	2014—06	28.00	349
整系数多项式因式分解的一般方法——从克朗耐克算法谈起	即将出版		
布劳维不动点定理——从一道前苏联数学奥林匹克试题谈起	2014—01	38.00	273
压缩不动点定理——从一道高考数学试题的解法谈起	即将出版		
伯恩赛德定理——从一道英国数学奥林匹克试题谈起	即将出版		
布查特-莫斯特定理——从一道上海市初中竞赛试题谈起	即将出版		
数论中的同余数问题——从一道普特南竞赛试题谈起	即将出版		
范·德蒙行列式——从一道美国数学奥林匹克试题谈起	即将出版		
中国剩余定理——从一道美国数学奥林匹克试题的解法谈起	即将出版		
牛顿程序与方程求根——从一道全国高考试题解法谈起	即将出版		
库默尔定理——从一道 IMO 预选试题谈起	即将出版		
卢丁定理——从一道冬令营试题的解法谈起	即将出版		
沃斯滕霍姆定理——从一道 IMO 预选试题谈起	即将出版		
卡尔松不等式——从一道莫斯科数学奥林匹克试题谈起	即将出版		
信息论中的香农熵——从一道近年高考压轴题谈起	即将出版		
约当不等式——从一道希望杯竞赛试题谈起	即将出版		
拉比诺维奇定理	即将出版		
刘维尔定理——从一道《美国数学月刊》征解问题的解法谈起	即将出版		
卡塔兰恒等式与级数求和——从一道 IMO 试题的解法谈起	即将出版		
勒让德猜想与素数分布——从一道爱尔兰竞赛试题谈起	即将出版		
天平称重与信息论——从一道基辅市数学奥林匹克试题谈起	即将出版		

哈尔滨工业大学出版社刘培杰数学工作室
已出版(即将出版)图书目录

书 名	出版时间	定 价	编号
哈密尔顿—凯莱定理:从一道高中数学联赛试题的解法谈起	2014—09	18.00	376
艾思特曼定理——从一道CMO试题的解法谈起	即将出版		
一个爱尔特希问题——从一道西德数学奥林匹克试题谈起	即将出版		
有限群中的爱丁格尔问题——从一道北京市初中二年级数学竞赛试题谈起	即将出版		
贝克码与编码理论——从一道全国高中联赛试题谈起	即将出版		
帕斯卡三角形	2014—03	18.00	294
蒲丰投针问题——从2009年清华大学的一道自主招生试题谈起	2014—01	38.00	295
斯图姆定理——从一道"华约"自主招生试题的解法谈起	2014—01	18.00	296
许瓦兹引理——从一道加利福尼亚大学伯克利分校数学系博士生试题谈起	2014—08	18.00	297
拉格朗日中值定理——从一道北京高考试题的解法谈起			298
拉姆塞定理——从王诗宬院士的一个问题谈起	2014—01		299
坐标法	2013—12	28.00	332
数论三角形	2014—04	38.00	341
毕克定理	2014—07	18.00	352
数林掠影	2014—09	48.00	389
我们周围的概率	2014—10	38.00	390
凸函数最值定理:从一道华约自主招生题的解法谈起	2014—10	28.00	391
易学与数学奥林匹克	2014—10	38.00	392
生物数学趣谈	2015—01	18.00	409
反演	2015—01		420
中等数学英语阅读文选	2006—12	38.00	13
统计学专业英语	2007—03	28.00	16
统计学专业英语(第二版)	2012—07	48.00	176
幻方和魔方(第一卷)	2012—05	68.00	173
尘封的经典——初等数学经典文献选读(第一卷)	2012—07	48.00	205
尘封的经典——初等数学经典文献选读(第二卷)	2012—07	38.00	206
实变函数论	2012—06	78.00	181
非光滑优化及其变分分析	2014—01	48.00	230
疏散的马尔科夫链	2014—01	58.00	266
初等微分拓扑学	2012—07	18.00	182
方程式论	2011—03	38.00	105
初级方程式论	2011—03	28.00	106
Galois理论	2011—03	18.00	107
古典数学难题与伽罗瓦理论	2012—11	58.00	223
伽罗华与群论	2014—01	28.00	290
代数方程的根式解及伽罗瓦理论	2011—03	28.00	108
代数方程的根式解及伽罗瓦理论(第二版)	2015—01	28.00	423
线性偏微分方程讲义	2011—03	18.00	110
N体问题的周期解	2011—03	28.00	111
代数方程式论	2011—05	18.00	121
动力系统的不变量与函数方程	2011—07	48.00	137
基于短语评价的翻译知识获取	2012—02	48.00	168

哈尔滨工业大学出版社刘培杰数学工作室已出版(即将出版)图书目录

书 名	出版时间	定 价	编号
应用随机过程	2012—04	48.00	187
概率论导引	2012—04	18.00	179
矩阵论(上)	2013—06	58.00	250
矩阵论(下)	2013—06	48.00	251
趣味初等方程妙题集锦	2014—09	48.00	388
对称锥互补问题的内点法:理论分析与算法实现	2014—08	68.00	368
抽象代数:方法导引	2013—06	38.00	257
闵嗣鹤文集	2011—03	98.00	102
吴从炘数学活动三十年(1951~1980)	2010—07	99.00	32
函数论	2014—11	78.00	395
吴振奎高等数学解题真经(概率统计卷)	2012—01	38.00	149
吴振奎高等数学解题真经(微积分卷)	2012—01	68.00	150
吴振奎高等数学解题真经(线性代数卷)	2012—01	58.00	151
高等数学解题全攻略(上卷)	2013—06	58.00	252
高等数学解题全攻略(下卷)	2013—06	58.00	253
高等数学复习纲要	2014—01	18.00	384
钱昌本教你快乐学数学(上)	2011—12	48.00	155
钱昌本教你快乐学数学(下)	2012—03	58.00	171
数贝偶拾——高考数学题研究	2014—04	28.00	274
数贝偶拾——初等数学研究	2014—04	38.00	275
数贝偶拾——奥数题研究	2014—04	48.00	276
集合、函数与方程	2014—01	28.00	300
数列与不等式	2014—01	38.00	301
三角与平面向量	2014—01	28.00	302
平面解析几何	2014—01	38.00	303
立体几何与组合	2014—01	28.00	304
极限与导数、数学归纳法	2014—01	38.00	305
趣味数学	2014—03	28.00	306
教材教法	2014—04	68.00	307
自主招生	2014—05	58.00	308
高考压轴题(上)	2014—11	48.00	309
高考压轴题(下)	2014—10	68.00	310
从费马到怀尔斯——费马大定理的历史	2013—10	198.00	I
从庞加莱到佩雷尔曼——庞加莱猜想的历史	2013—10	298.00	II
从切比雪夫到爱尔特希(上)——素数定理的初等证明	2013—07	48.00	III
从切比雪夫到爱尔特希(下)——素数定理100年	2012—12	98.00	III
从高斯到盖尔方特——二次域的高斯猜想	2013—10	198.00	IV
从库默尔到朗兰兹——朗兰兹猜想的历史	2014—01	98.00	V
从比勒巴赫到德布朗斯——比勒巴赫猜想的历史	2014—02	298.00	VI
从麦比乌斯到陈省身——麦比乌斯变换与麦比乌斯带	2014—02	298.00	VII
从布尔到豪斯道夫——布尔方程与格论漫谈	2013—10	198.00	VIII
从开普勒到阿诺德——三体问题的历史	2014—05	298.00	IX
从华林到华罗庚——华林问题的历史	2013—10	298.00	X

哈尔滨工业大学出版社刘培杰数学工作室
已出版(即将出版)图书目录

书　名	出版时间	定　价	编号
三角函数	2014—01	38.00	311
不等式	2014—01	28.00	312
方程	2014—01	28.00	314
数列	2014—01	38.00	313
排列和组合	2014—01	28.00	315
极限与导数	2014—01	28.00	316
向量	2014—09	38.00	317
复数及其应用	2014—08	28.00	318
函数	2014—01	38.00	319
集合	即将出版		320
直线与平面	2014—01	28.00	321
立体几何	2014—04	28.00	322
解三角形	即将出版		323
直线与圆	2014—01	28.00	324
圆锥曲线	2014—01	38.00	325
解题通法(一)	2014—07	38.00	326
解题通法(二)	2014—07	38.00	327
解题通法(三)	2014—05	38.00	328
概率与统计	2014—01	28.00	329
信息迁移与算法	即将出版		330
第19～23届"希望杯"全国数学邀请赛试题审题要津详细评注(初一版)	2014—03	28.00	333
第19～23届"希望杯"全国数学邀请赛试题审题要津详细评注(初二、初三版)	2014—03	38.00	334
第19～23届"希望杯"全国数学邀请赛试题审题要津详细评注(高一版)	2014—03	28.00	335
第19～23届"希望杯"全国数学邀请赛试题审题要津详细评注(高二版)	2014—03	38.00	336
第19～25届"希望杯"全国数学邀请赛试题审题要津详细评注(初一版)	2015—01	38.00	416
第19～25届"希望杯"全国数学邀请赛试题审题要津详细评注(初二、初三版)	2015—01	58.00	417
第19～25届"希望杯"全国数学邀请赛试题审题要津详细评注(高一版)	2015—01	48.00	418
第19～25届"希望杯"全国数学邀请赛试题审题要津详细评注(高二版)	2015—01	48.00	419

哈尔滨工业大学出版社刘培杰数学工作室
已出版(即将出版)图书目录

书　名	出版时间	定　价	编号
物理奥林匹克竞赛大题典——力学卷	2014—11	48.00	405
物理奥林匹克竞赛大题典——热学卷	2014—04	28.00	339
物理奥林匹克竞赛大题典——电磁学卷	即将出版		406
物理奥林匹克竞赛大题典——光学与近代物理卷	2014—06	28.00	345
历届中国东南地区数学奥林匹克试题集(2004~2012)	2014—06	18.00	346
历届中国西部地区数学奥林匹克试题集(2001~2012)	2014—07	18.00	347
历届中国女子数学奥林匹克试题集(2002~2012)	2014—08	18.00	348
几何变换(Ⅰ)	2014—07	28.00	353
几何变换(Ⅱ)	即将出版		354
几何变换(Ⅲ)	即将出版		355
几何变换(Ⅳ)	即将出版		356
美国高中数学竞赛五十讲.第1卷(英文)	2014—08	28.00	357
美国高中数学竞赛五十讲.第2卷(英文)	2014—08	28.00	358
美国高中数学竞赛五十讲.第3卷(英文)	2014—09	28.00	359
美国高中数学竞赛五十讲.第4卷(英文)	2014—09	28.00	360
美国高中数学竞赛五十讲.第5卷(英文)	2014—10	28.00	361
美国高中数学竞赛五十讲.第6卷(英文)	2014—11	28.00	362
美国高中数学竞赛五十讲.第7卷(英文)	即将出版		363
美国高中数学竞赛五十讲.第8卷(英文)	即将出版		364
美国高中数学竞赛五十讲.第9卷(英文)	即将出版		365
美国高中数学竞赛五十讲.第10卷(英文)	即将出版		366
IMO 50年.第1卷(1959—1963)	2014—11	28.00	377
IMO 50年.第2卷(1964—1968)	2014—11	28.00	378
IMO 50年.第3卷(1969—1973)	2014—09	28.00	379
IMO 50年.第4卷(1974—1978)	即将出版		380
IMO 50年.第5卷(1979—1983)	即将出版		381
IMO 50年.第6卷(1984—1988)	即将出版		382
IMO 50年.第7卷(1989—1993)	即将出版		383
IMO 50年.第8卷(1994—1998)	即将出版		384
IMO 50年.第9卷(1999—2003)	即将出版		385
IMO 50年.第10卷(2004—2008)	即将出版		386

哈尔滨工业大学出版社刘培杰数学工作室
已出版(即将出版)图书目录

书　名	出版时间	定　价	编号
历届美国大学生数学竞赛试题集.第一卷(1938—1947)	即将出版		397
历届美国大学生数学竞赛试题集.第二卷(1948—1957)	即将出版		398
历届美国大学生数学竞赛试题集.第三卷(1958—1967)	即将出版		399
历届美国大学生数学竞赛试题集.第四卷(1968—1977)	即将出版		400
历届美国大学生数学竞赛试题集.第五卷(1978—1987)	即将出版		401
历届美国大学生数学竞赛试题集.第六卷(1988—1997)	即将出版		402
历届美国大学生数学竞赛试题集.第七卷(1998—2007)	即将出版		403
历届美国大学生数学竞赛试题集.第八卷(2008—2012)	即将出版		404
新课标高考数学创新题解题诀窍:总论	2014—09	28.00	372
新课标高考数学创新题解题诀窍:必修1~5分册	2014—08	38.00	373
新课标高考数学创新题解题诀窍:选修2—1,2—2,1—1,1—2分册	2014—09	38.00	374
新课标高考数学创新题解题诀窍:选修2—3,4—4,4—5分册	2014—09	18.00	375
全国重点大学自主招生英文数学试题全攻略:词汇卷	即将出版		410
全国重点大学自主招生英文数学试题全攻略:概念卷	2015—01	28.00	411
全国重点大学自主招生英文数学试题全攻略:文章选读卷(上)	即将出版		412
全国重点大学自主招生英文数学试题全攻略:文章选读卷(下)	即将出版		413
全国重点大学自主招生英文数学试题全攻略:试题卷	即将出版		414
全国重点大学自主招生英文数学试题全攻略:名著欣赏卷	即将出版		415

联系地址:哈尔滨市南岗区复华四道街10号　哈尔滨工业大学出版社刘培杰数学工作室
网　　址:http://lpj.hit.edu.cn/
邮　　编:150006
联系电话:0451—86281378　　13904613467
E-mail:lpj1378@163.com